U0150417

通信设备维护作业指导书

国能包神铁路集团有限责任公司　主编

北京交通大学出版社
·北京·

内 容 简 介

为落实包神铁路集团标准化作业建设部署要求，扎实推动电务专业标准化建设成果落地实施，针对本单位常用和主要生产通信设备现场实际作业情况，编制了通信设备维护作业指导书。

在本指导书中，把铁路通信设备检修作业操作标准分为通信线路、有线通信设备和无线通信设备等20项设备检修作业标准，以及相关安全制度及作业纪律，用以提高电务管理和维护人员标准化检修作业水平，促进安全生产。

图书在版编目（CIP）数据

通信设备维护作业指导书 / 国能包神铁路集团有限责任公司主编. —北京：北京交通大学出版社，2023.3

ISBN 978-7-5121-4923-6

Ⅰ. ① 通… Ⅱ. ① 国… Ⅲ. ① 通信设备-维修 Ⅳ. ① TN914

中国国家版本馆 CIP 数据核字（2023）第 045253 号

通信设备维护作业指导书
TONGXIN SHEBEI WEIHU ZUOYE ZHIDAOSHU

责任编辑：陈跃琴
出版发行：北京交通大学出版社　　电话：010-51686414　　http://www.bjtup.com.cn
地　　址：北京市海淀区高梁桥斜街 44 号　　邮编：100044
印 刷 者：北京虎彩文化传播有限公司
经　　销：全国新华书店
开　　本：185 mm×260 mm　　印张：12　　字数：294 千字
版 印 次：2023 年 3 月第 1 版　　2023 年 3 月第 1 次印刷
定　　价：88.00 元

本书如有质量问题，请向北京交通大学出版社质监组反映。对您的意见和批评，我们表示欢迎和感谢。
投诉电话：010-51686043，51686008；传真：010-62225406；E-mail：press@bjtu.edu.cn。

目　录

1 通信线路

1.1 维护作业安全要求

通信线路维护作业安全要求如表1.1所示。

表1.1 通信线路维护作业安全要求

设备描述	通信线路是提供光、电信息传递的物理通道，包括光缆、电缆及附属设施（交接箱、终端盒、通话柱、标桩等），按业务分为长途线路、地区线路	设备写真	
工具仪表	**工具：**个人工具、绝缘胶带、裸纤测试盘、各式光跳线、配线、灯具、通信联络工具等		
	仪表：万用表、红光笔、光时域反射仪（OTDR）、光源、光功率计、兆欧表、接地电阻测试仪等		
安全操作事项	（1）作业前与车站（调度）联系，同意后方可进行，不得超范围作业		
	（2）步行巡视人员每组不少于两人，一人不得单独进行巡视		
	（3）巡视中遇有列车通过时，巡视人员必须停止巡视，尽量在远离列车地带避让，如在大桥上要提前进入避车台内避让		
	（4）步行巡视应尽量远离铁道线路，不得在道床上行走，不要抢越线路；当需要穿越铁路时，要严格执行“一站、二看、三通过”制度，相互提醒，相互监护		
	（5）冬季巡视时，棉帽耳要打开，要注意深坑积雪，注意保暖，注意防滑，做到精力集中		

续表

安全操作事项	（6）隧道巡检必须在天窗点内进行
	（7）光、电缆测试前后与网管和相关部门做好联系工作
	（8）区间作业时做好防护工作，严格执行避车制度
	（9）在未甩开业务设备前，严禁用兆欧表直接测试干线电缆的绝缘
	（10）绝缘测试完毕后，立即对被测线对进行放电
	（11）切割电缆时必须穿绝缘靴，铺设绝缘垫，做好连通接地
	（12）测试光纤时，严禁直视光源
	（13）被测光纤的对端必须与设备断开连接
安全卡控	**作业前：** ① 与车站（调度）联系、沟通，如影响设备正常使用，须按照规定在《行车设备检查登记簿》或《行车设备施工登记簿》内登记，现场作业人员通过驻站联系人得到车站值班员允许作业的命令后，方可进行作业； ② 作业前作业联络人应与驻站联系人互试通信联络工具，确定作业地点及内容。
	作业中： ① 现场防护员与驻站联络员相互进行联络，确保通信畅通，一旦联系中断，现场防护员应立即通知作业负责人停止作业，立即下道避车； ② 驻站联络员根据区间行车情况，随时向现场防护员反馈行车信息，现场防护员必须进行复述确认； ③ 线路设备附近有施工但未进行防护或盯守； ④ 隧道巡检未在天窗点内进行
	作业后： 发现异常未按上报流程及时汇报

1.2 维护作业流程

通信线路维护作业流程如表 1.2 所示。

表 1.2 通信线路维护作业流程

作业前准备	作业内容	（1）组织作业准备会，布置任务，明确分工
		（2）检查着装：作业、防护人员按规定着装
		（3）检查工器具：工具、仪表、防护用具齐全，性能良好
		（4）梳理信息：对作业范围内的设备运用相关信息进行梳理
		（5）准备材料：根据作业项目及设备运用情况准备材料

续表

作业前准备	安全风险卡控	（1）卡控作业人员状态、安全措施、防护人员是否落实到位
		（2）途中对车辆、司机的互控措施是否落实到位
		（3）对工具、仪表、器材的卡控措施是否落实到位
联系登记	作业要求	（1）按照设备维修作业等级进行登销记
		（2）作业人员严格执行“三不动”“三不离”“四不放过”等安全制度，在网管监控下按程序进行维护作业
		（3）按计划对维护项目逐项检修，并如实填写检修记录
	作业内容	进入无人值守机房后，首先向网管（调度）汇报，汇报内容包括：部门、姓名、作业内容等，并在《入室登记本》内登记
作业项目	（1）径路及附属设备检修	
	（2）电缆测试	
	（3）光缆测试	
复查试验销记	作业内容	（1）联系网管确认所有业务正常
		（2）检查工器具，应无遗漏
		（3）清理作业现场
	安全风险卡控	（1）卡控登记、入室汇报制度是否落实到位
		（2）卡控作业流程、表本填写、防护制度是否落实到位
		（3）卡控销记、出室汇报制度、计表数量是否落实到位
作业结束	作业内容	（1）作业人员报告作业完成情况
		（2）工班长总结当日作业情况，对未克服的设备缺点制定下一步整治措施
		（3）在《设备检修记录表》《值班日志》中逐项进行记录
	安全风险卡控	（1）归途中的人员、车辆互控措施是否落实到位
		（2）若发现问题，卡控问题库管理制度是否落实到位
		（3）卡控问题追踪、问题克服是否落实到位

1.3 维护作业标准

1.3.1 巡检作业

通信线路巡检作业标准如表 1.3 所示。

表 1.3 通信线路巡检作业标准

序号	巡检项目	巡检方法	标准及要求
1	周边环境巡检	检查通信线路周边环境	① 无异状和外界影响； ② 发现问题及时处理、上报
2	附属设备、设施巡检	检查标桩、警示牌、桥槽、交接箱、通话柱、终端盒等附属设备、设施	① 附属设备、设施齐全，安装固定、牢固，无异物、杂草等遮挡、覆盖； ② 标桩、警示牌等标识清楚； ③ 交接箱、终端盒干净、整洁
3	径路检查、节点信息核对	（1）核对径路信息	图纸、技术资料与现场信息一致，正确无误
		（2）核对过轨、接头等重要节点信息	

1.3.2 检修作业

通信线路检修作业标准如表 1.4 所示。

表 1.4 通信线路检修作业标准

周期	检修项目	检修方法	标准及要求
月	（1）径路及附属设备检修	（1）光电缆引入检查	① 光电缆引入口封堵良好，无外露，防火、防水、防鼠良好； ② 电缆井内无积水，无杂物，井盖完好，无锈蚀； ③ 光电缆布放整齐，铭牌标识清晰、醒目； ④ 成端、绝缘节无变形，无裂纹，无腐蚀，不受力

续表

周期	检修项目	检修方法	标准及要求
月	（1）径路及附属设备检修	（2）径路及防护检查	① 径路完好，无取土，无塌陷下沉，无易燃物堆积； ② 电缆槽固定良好，无丢失，无损坏； ③ 防护钢管无损伤，无锈蚀，两端埋设、包封良好； ④ 砖石防护完好，无冲刷、掏空现象； ⑤ 径路与其他设施的最小接近距离符合《铁路通信维护规则》要求
		（3）分线箱/盒检修	① 箱/盒安装牢固、平正，螺丝紧固、无松动； ② 箱体无漏水，油饰良好，无锈蚀； ③ 箱门、箱锁完好，开关灵活； ④ 箱/盒内部清洁无灰尘，配线整齐美观，接线良好，标识准确、清楚，引入电缆及引入线安装牢固； ⑤ 台账准确，更新及时
		（4）标桩、警示牌检查	① 标桩、警示牌齐全、完整； ② 不倾斜，无破损，无掩埋，油饰良好，标识清晰、准确
		（5）通话柱检查试验	① 箱体完好，无锈蚀，箱锁完好、灵活； ② 各部油饰良好； ③ 各部螺丝紧固，无松动； ④ 内部清洁，无灰尘； ⑤ 各项功能呼叫试验良好，话音清晰，振铃正常； ⑥ 平台无破损，无塌陷，无杂物
		（6）屏蔽地线检查	① 地线接地电阻标准：区间≤4 Ω，通信站＜1 Ω，困难通信站≤2 Ω，变电所附近＜2 Ω； ② 接地体埋设完好，无塌陷
	（2）电缆测试	（1）环阻、不平衡电阻测试	① 长途电缆环阻不超过标准值的 5%，地区电缆环阻不超过标准值的 10%； ② 长途电缆不平衡电阻（低频）≤2 Ω，地区电缆不平衡电阻≤3 Ω

续表

周期	检修项目	检修方法	标准及要求
月	（2）电缆测试	（2）绝缘测试	① 芯线和金属护套间：长途≥1 000 MΩ·km，地区≥5 MΩ； ② 两线间：长途≥2 000 MΩ·km，地区≥10 MΩ
	（3）光缆测试	光缆中继段测试	① 两端光纤纤号、位置一致； ② 测试曲线中无大于 0.2 dB 的自然插入损耗； ③ 1 310 nm 衰减系数最大值（dB/km）：Ⅰ级 0.35，Ⅱ级 0.38；1 550 nm 衰减系数最大值（dB/km）：Ⅰ级 0.21，Ⅱ级 0.24
年	（4）图纸、台账核对更新	对年度内发生变化的通信线路情况进行核查，并更新图纸、台账	图纸、台账与现场实际情况一致，信息准确无误

1.4 故障（障碍）处理

1.4.1 故障（障碍）处理流程

见 22.2“通信设备故障（障碍）处理流程图”。

1.4.2 故障（障碍）处理原则

通信线路或设备发生故障（障碍）时，应按下列顺序抢通和恢复：

① 列车调度电话；

② 国家能源集团广域网传输通道；

③ 站间行车电话、信号闭塞线路；

④ CTC、TDCS、TMIS 系统通道；

⑤ 牵引供电、电力远动通道；

⑥ 信号安全数据网通道；

⑦ 车辆红外监测、车号自动识别、超偏载系统通道；

⑧ 其他。

1.4.3 故障（障碍）处理思路

1. 先抢通，后修复

当光电缆中断或部分纤芯受损后，应先将受影响的电路迂回抢通，而后再制定消缺计划修复线路，以尽可能缩短业务通道中断时长，提高通信系统运行稳定性，降低运行风险。

2. 先上级业务，后下级业务

当若干条不同等级的电路同时中断时，应按照先上级后下级的顺序迂回，即一级骨干通信网优先恢复，其次是二级骨干网，再次是三级网，逐一进行，以降低更高等级业务通道故障时长，尽快将影响范围更大的业务通道恢复，避免发生更高等级的运行事件。

3. 先生产业务，后管理业务

当若干条同一等级的电路同时中断时，具体分析每一条电路的业务影响情况，按照先生产业务后管理业务的顺序迂回，优先将承载铁路运输、调度数据网等重要生产业务的电路迂回，再抢通其他电路，以尽可能降低通信系统故障对铁路运输安全生产的影响。

4. 先主线业务，后支线业务

当若干条同一等级的电路同时中断时，应先迂回主线上的电路，因为主线上的电路虽多有保护，但因其承载通道数量更多，当该电路的保护路由也失效时，将瞬间大大提高运行事件的等级，故重要性较高。此外，对于电路存在保护路由的情形，迂回后的路由应尽可能避免与电路的保护路由重合，否则同样会因单点故障导致运行风险增加。

1.4.4 故障（障碍）定位和分析处理

1. 通信电缆故障

1）设备故障受理

① 收集故障信息并上报；

② 查看告警信息，判断影响范围；

③ 调阅技术台账，结合设备日常维护经验，初步判定故障发生区间及影响范围；

④ 准备工具、材料，赶赴现场抢修。

2）电缆故障室内外范围判断、确认

① 现场确认故障现象，与用户核对设备故障信息；

② 配合网管判断故障范围，确认故障是处于室内还是室外；

③ 对于室内故障，应在网管中心的指导下，检查设备各部件，进行故障排除。

3）电缆室外设备故障处理

① 查询技术资料，用万用表测试判断外线是否存在混线或断线情况；

② 可借助电缆测试仪表初步判定故障位置，也可通过送振铃信号测试，判断外线质量；

③ 本位线无法恢复时，考虑采取倒、代、迂回电路措施，并修改电路台账。

4）故障汇报

故障处理完毕后，按既定程序进行汇报。

2. 通信光缆故障

通信光缆故障的定位和分析处理程序如下：

① 利用网管判断、确认故障发生区段，并启用通道保护环恢复终端业务，缩小故障影响范围，并及时上报；

② 利用 OTDR 初步判断故障位置，查阅技术资料，分析判定故障处所；

③ 抢修人员准备材料、工具，赶赴故障点附近；

④ 抢修人员如无法立即找到故障点，可将最近的光缆接头盒打开，断开故障光纤进行测试，缩小查找范围；

⑤ 故障处理过程中，应严格遵循“先一级、后二级”“先抢通、后修复”的原则；

⑥ 故障处理过程中，应加强与传输网管及端站的联系；

⑦ 故障处理完毕后，须经过网管确认，设备恢复正常运用后才能撤离；

⑧ 故障处理完毕撤离现场时，将故障定位和分析处理经过上报调度。

2 传 输 设 备

2.1 维护作业安全要求

传输设备维护作业安全要求如表 2.1 所示。

表 2.1 传输设备维护作业安全要求

<table>
<tr><td>设备描述</td><td>铁路传输网是铁路各种语音、数据和图像等通信信息的基础承载平台，主要承载国家能源集团、包神铁路集团管内长途通信业务数据和本地业务数据；传输设备维护工作应确保系统运行可靠、通信畅通</td><td>设备写真</td><td></td></tr>
<tr><td rowspan="2">工具仪表</td><td colspan="3">工具：毛刷、清洁工具、尼龙绑扎带、绝缘胶布、标签打印机、连接光纤、法兰盘、组合工具等</td></tr>
<tr><td colspan="3">仪表：光万用表（光源、光功率计）、误码测试仪、以太网测试仪、万用表等</td></tr>
<tr><td rowspan="6">安全操作事项</td><td colspan="3">（1）作业前与网管（调度）联系，征得同意后方可进行，不得超范围作业</td></tr>
<tr><td colspan="3">（2）查看设备指示灯是否正常</td></tr>
<tr><td colspan="3">（3）作业人员严禁佩戴戒指、手表等金属饰品</td></tr>
<tr><td colspan="3">（4）开展检修作业时，严禁将异物坠入设备机架内部</td></tr>
<tr><td colspan="3">（5）更换电路板前，须佩戴防静电手腕，并检查单板型号，保证二者一致；更换电路板时，禁止用手直接触摸单板芯片，防止人体静电损坏单板</td></tr>
<tr><td colspan="3">（6）拔出电路板时，应双手分别抓住上、下扳手处，用力适度，将单板平滑拉出插槽；插入电路板时，应将单板对准槽道缓慢推入，不得用力过猛，防止母板插针弯折</td></tr>
</table>

续表

安全操作事项	（7）更换光板时，应先将光板上的尾纤拔出，做好标记，并按规定拔插光板，然后将标记好的尾纤插入已插好的光板
	（8）清扫有开关的单板表面时，不得碰触开关或不得随意更改电路板功能开关状态
	（9）整理 ODF 光纤配线架时，不能将尾纤打死结，缠绕半径不能小于尾纤直径的 15 倍
	（10）在更换光板、进行光功率测试或检查运用中的光缆纤芯时，禁止将眼睛正对光口或将有光的尾纤正对眼睛，以免激光灼伤眼睛
	（11）整理 ODF 光纤配线架时，需注意 2 Mbps 线（简称 2M 线）的余留长度，防止在整理过程中扯拉缆线
安全卡控	**作业前：** 与网管联系、沟通，现场确认设备运行正常，各部件外观完好
	作业中： 板件更换、切换试验及数据配置、下发、备份等重要作业需双人操作，作业时须佩戴防静电手腕
	作业后： 设备计表完成后，查看网管和设备状态及业务，确认正常方可离开

2.2 维护作业流程

传输设备维护作业流程如表 2.2 所示。

表 2.2 传输设备维护作业流程

作业前准备	作业内容	（1）组织作业准备会，布置任务，明确分工
		（2）检查着装：作业、防护人员按规定着装
		（3）检查工器具：工具、仪表、防护用具齐全，性能良好
		（4）梳理信息：对作业范围内的设备运用相关信息进行梳理
		（5）准备材料：根据作业项目及设备运用情况准备材料
	安全风险卡控	（1）卡控作业人员状态、安全措施、防护人员是否落实到位
		（2）途中对车辆、司机的互控措施是否落实到位
		（3）对工具、仪表、器材的卡控措施是否落实到位

续表

联系登记	作业要求	（1）按照设备维修作业等级进行登销记
		（2）作业人员严格执行“三不动”“三不离”“四不放过”及入室登记等安全制度，在网管监控下按程序进行维护作业
		（3）按计划对维护项目逐项检修，并如实填写检修记录
	作业内容	进入无人值守机房后首先向网管（调度）汇报，汇报内容包括：部门、姓名、作业内容等，并在《入室登记本》内登记
作业项目	（1）线路单元测试检修	
	（2）支路单元测试检修	
	（3）网管告警核对	
	（4）外接光纤、电源配线的台账核对检查	
	（5）电气连接其他附属防护设施检查	
复查试验销记	作业内容	（1）联系网管确认所有业务正常
		（2）检查工器具，应无遗漏
		（3）清理作业现场，在《入室登记本》内登记后方可离开
	安全风险卡控	（1）卡控登记制度、入室汇报制度是否落实到位
		（2）卡控作业流程、表本填写、防护制度是否落实到位
		（3）卡控销记制度、出室汇报制度、计表数量是否落实到位
作业结束	作业内容	（1）作业人员报告作业完成情况
		（2）工班长总结当日作业情况，对未克服的设备缺点制订下一步整治措施
		（3）在《设备检修记录表》《值班日志》中逐项进行记录
	安全风险卡控	（1）卡控归途中的车辆、司机互控是否落实到位
		（2）若发现问题，卡控问题库管理制度是否落实到位
		（3）卡控问题追踪、问题克服是否落实到位

2.3 维护作业标准

2.3.1 巡检作业

传输设备巡检作业标准如表 2.3 所示。

表 2.3　传输设备巡检作业标准

序号	巡检项目	巡检方法	标准及要求
1	设备运行环境巡检	查看门窗密封情况，观察温湿度计	门窗密封良好，温度为 18～28℃，湿度为 30%～75%
2	设备外观状态巡检	（1）巡检机柜、子架、配线端子固定情况	机柜、子架安装牢固，无倾斜；配线端子连接良好，无松动
		（2）查看补空板安装情况	补空板齐全，安装稳固
		（3）检查设备机柜门锁扣	设备机柜门锁扣安装良好，开关灵活
		（4）检查设备机架、面板是否清洁	设备机架、面板清洁，无污垢、积尘
3	设备运行状态巡检	（1）机柜声光告警检查	机柜声光告警功能正常
		（2）设备单板运行状态查看	设备单板运行正常，指示灯显示正常（指示灯状态描述见 2.4 节）
		（3）公务电话、防静电手腕配备情况检查	公务电话、防静电手腕配备齐全，安装良好
		（4）设备风扇运行情况查看	设备风扇转速均匀、转动顺滑，无黏滞，无噪声，无异常
		（5）设备子架滤网安装情况查看、清扫	设备子架滤网安装良好，清洁无污垢
4	线缆连接状态巡检	光纤尾纤、电源连接线、接地引线等各类连接配线检查	① 线缆整齐合理，无破损； ② 卡接良好，接头无松动； ③ 线缆弯曲半径符合标准
5	设备标识标牌巡检	设备机架、光纤尾纤、电缆配线、接地引线等标识标牌检查	标识标牌准确无误，无脱落、缺失
6	与网管确认设备运行状态	与网管联系，确认设备运行状态	设备运行正常，无告警

2.3.2　检修作业

传输设备检修作业标准如表 2.4 所示。

表 2.4 传输设备检修作业标准

周期	检修项目	检修方法	标准及要求
季	（1）设备状态检查	查看设备外观，各板件工作指示灯、告警灯运行状态	外观完好，工作指示灯显示正常，若发现异常及时处理
	（2）机柜清扫检查	（1）用毛刷、吹风鼓风机、电吹风机等工具清扫机柜内外部积尘、浮灰	设备内外部无积尘
		（2）用软布擦除设备面板油污，注意避开面板上的按键、开关；当油污不易清除时，可适当采用少量洗洁精辅助擦除	设备外表无浮灰、油污，无除规定的设备标签以外的粘贴物和杂物
	（3）公务电话试验	公务电话的呼叫、通话试验	呼叫、通话功能正常
	（4）地线检查、紧固	（1）检查整理地线连接线，紧固地线连接端螺丝、螺母	地线整齐合理、连接牢固，无脱焊、松动、锈蚀及损伤
		（2）测量接地阻值	接地阻值符合标准：采用综合接地系统时，接地电阻≤1 Ω；不具备综合接地系统的机房，接地电阻≤4 Ω
	（5）风扇、滤网检查	（1）关掉风扇框电源，将风扇框拆下，用毛刷、电吹风机等工具清扫积尘	风扇清洁，无积尘
		（2）风扇运行状态检查	风扇转速均匀，转动顺滑，无黏滞、噪声，扇叶齐全、无破损，如有不正常的及时进行更换
		（3）取出滤网，用毛刷、电吹风机等工具清扫积尘	滤网清洁，无积尘
	（6）电源检查	（1）电源线检查、整理、紧固	电源空开、电源线无变形，无严重变色，连接良好
		（2）用万用表测试输入电压值	输入电压范围为DC −43.2～−57.6 V，接口、线缆标识准确无误
	（7）接口、线缆标识检查	接口、线缆标识检查、补齐	标识准确无误，无脱落、缺失
	（8）告警、误码性能等检查	网管查看设备工作状态、告警信息	若设备出现问题，应及时确认产生的告警信息并分析、处理，直到设备恢复

续表

周期	检修项目	检修方法	标准及要求
季	（9）ECC 路由检查	定期进行 ECC 路由检查	① 网管与网元通信正常； ② 维护人员查询网管后在《设备检修记录表》内进行数据填写
	（10）网元时间检查调整	按照标准时间对照调整	① 网元与网管时间同步； ② 网管与北京标准时间一致
	（11）单板配置信息的查询	对单板配置信息进行查询、核对	核对结果一致，配置数据符合规范
	（12）更改网管用户的登录口令	对用户的登录口令进行修改	定期修改网管的登录口令及操作员账号密码，设专人管理
	（13）硬件接口状态检查	对硬件接口状态进行检查	① 硬件接口坚固，完整无缺； ② 卡接良好，无松动； ③ 金属器件无明显锈蚀
	（14）光板接收、发送光功率检查	（1）用光万用表（光功率计）进行收、发送光功率测试	测试值在允许范围内，不符合标准的及时组织处理
		（2）联系网管查询	
	（15）网管、维护终端检查	（1）用毛刷、吹风鼓风机、电吹风机等工具进行内外部清扫、除尘	设备内外部无积尘、浮灰
		（2）查看终端运行状态	工作指示灯显示正常，发现异常及时处理
	（16）网管数据库备份	对网管数据库进行备份并转储	利用专用存储工具进行备份、转储
半年	（17）抽测未用业务通道的 24 h 误码	网管进行误码抽测	① 符合《铁路通信维护规则》规定标准； ② 维护人员查询网管后在《设备检修记录本》内进行数据填写
	（18）以太网电路丢包率测试	网管进行丢包率测试	① 符合《铁路通信维护规则》规定标准； ② 维护人员查询网管后在《设备检修记录本》内进行数据填写
	（19）VC-4、VC-12 级别误码性能监测	网管进行误码性能监测	① 符合《铁路通信维护规则》规定标准； ② 维护人员查询网管后在《设备检修记录本》内进行数据填写

续表

周期	检修项目	检修方法	标准及要求
年	（20）保护倒换试验	（1）网管确认需要进行保护倒换的传输系统正常，方可进行保护倒换试验	试验过程中承载业务使用正常，保护功能正常
		（2）网管在环网中任意选择一个网元，将此网元一个方向的光口进行激光关闭，查看保护切换状态	
		（3）切换正常后，恢复光口，观察系统自动倒回主用状态	
	（21）时钟跟踪状态检查	按照标准进行时钟跟踪状态检查	① 网管时间与北京标准时间一致；② 时间跟踪必须运行，不允许关闭
	（22）电路路径检查	利用网管进行检查、抽测	符合设备维护标准

2.4 设备指示灯状态描述

2.4.1 华为传输 optix、OSN 系列设备

华为传输 optix、OSN 系列设备指示灯状态描述如表 2.5 所示。

表 2.5 华为传输 optix、OSN 系列设备指示灯状态描述

名称	指示灯	颜色	状态	具体描述	备注
optix155/622H 面板	ETN	绿色	亮	以太网灯	
	RUN	绿色	亮	运行灯	
	R	红色	亮	严重告警灯	
	Y	黄色	亮	一般告警灯	
	FAN	红色	亮	风扇告警指示灯	
optix2500/3500/7500 架顶	power	绿色	亮	设备电源接通	
			灭	设备电源未接通	
	critica	红色	亮	设备发生紧急告警	
			灭	设备无紧急告警	

续表

<table>
<tr><th>名称</th><th>指示灯</th><th>颜色</th><th>状态</th><th>具体描述</th><th>备注</th></tr>
<tr><td rowspan="4">optix2500/3500/7500 架顶</td><td rowspan="2">major</td><td rowspan="2">橙色</td><td>亮</td><td>设备发生主要告警</td><td rowspan="2"></td></tr>
<tr><td>灭</td><td>设备无主要告警</td></tr>
<tr><td rowspan="2">minor</td><td rowspan="2">黄色</td><td>亮</td><td>设备发生次要告警</td><td rowspan="2">optix 2500 型号无</td></tr>
<tr><td>灭</td><td>设备无次要告警</td></tr>
<tr><td rowspan="16">optix OSN 系列单板</td><td rowspan="4">单板硬件状态灯（STAT）</td><td>绿色</td><td>绿色亮</td><td>硬件工作正常</td><td></td></tr>
<tr><td rowspan="2">红色</td><td>红色亮</td><td>硬件故障</td><td></td></tr>
<tr><td>红色 100 ms 亮 100 ms 灭</td><td>硬件不匹配</td><td></td></tr>
<tr><td>灰色</td><td>灭</td><td>无电源输入</td><td></td></tr>
<tr><td rowspan="2">业务激活状态灯（ACT）</td><td>绿色</td><td>亮</td><td>业务处于激活状态</td><td></td></tr>
<tr><td>灰色</td><td>灭</td><td>业务处于非激活状态</td><td></td></tr>
<tr><td rowspan="6">单板软件状态灯（PROG）</td><td rowspan="4">绿色</td><td>绿色亮</td><td>加载或初始化单板软件正常</td><td></td></tr>
<tr><td>绿色 100 ms 亮 100 ms 灭</td><td>正在加载单板软件</td><td></td></tr>
<tr><td>绿色 300 ms 亮 300 ms 灭</td><td>正在初始化单板软件</td><td></td></tr>
<tr><td>红色</td><td>亮</td><td>丢失单板软件，或加载、初始化软件失败</td><td></td></tr>
<tr><td>灰色</td><td>灭</td><td>没有电源输入</td><td></td></tr>
<tr><td rowspan="4">业务告警指示灯（SRV）</td><td>绿色</td><td>亮</td><td>业务正常</td><td></td></tr>
<tr><td>红色</td><td>亮</td><td>业务有紧急告警或主要告警</td><td></td></tr>
<tr><td>黄色</td><td>亮</td><td>业务有次要告警或远端告警</td><td></td></tr>
<tr><td>灰色</td><td>灭</td><td>没有配置业务或无电源输入</td><td></td></tr>
<tr><td rowspan="2">optix 系列以太网单元</td><td rowspan="2">连接状态指示灯（LINKn）</td><td rowspan="2">黄色</td><td>亮</td><td>第 n 路 GE 端口和对端设备链路建立成功</td><td></td></tr>
<tr><td>灭</td><td>第 n 路 GE 端口和对端设备链路建立失败</td><td></td></tr>
</table>

续表

名称	指示灯	颜色	状态	具体描述	备注
optix 系列以太网单元	数据收发指示灯（ACTn）	绿色	闪烁	第 n 路 GE 端口和对端设备正在收发数据	
			灭	第 n 路 GE 端口和对端设备没有数据收发	
时钟单元	SYNC	绿色	亮	时钟处于同步状态	
		红色	亮	时钟工作于保持或者自振状态	
主控单元	PWRA	绿色	亮	A 路——48 V 电源正常	
		红色	亮	A 路——48 V 电源故障（丢失或失效）	
	PWRB	绿色	亮	B 路——48 V 电源正常	
		红色	亮	B 路——48 V 电源故障（丢失或失效）	
	PWRC	绿色	亮	系统+3.3 V 备份电源正常	
		红色	亮	系统+3.3 V 备份电源丢失	
	ALMC	黄色	亮	当前处在告警长期切除状态	
		灰色	亮	有紧急告警立刻用声音提示	

2.4.2 中兴传输 ZXMP S385 系列设备

中兴传输 ZXMP S385 系列设备指示灯状态描述如表 2.6 所示。

表 2.6 中兴传输 ZXMP S385 系列设备指示灯状态描述

名称	指示灯	颜色	状态	具体描述	备注
NCP 板	NOM 绿灯	绿色	闪烁	正常运行	
	ALM1 黄灯	黄色	亮	网元主要告警或次要告警	
	ALM2 红灯	红色	亮	网元紧急告警	
	MS 绿灯	绿色	亮	主用状态	
CSA/CSF 板	NOM 绿灯	绿色	闪烁	正常运行	
	ALM1 黄灯	红色	亮	网元主要告警或次要告警	
	ALM2 红灯	橙色	亮	网元紧急告警	

续表

名称	指示灯	颜色	状态	具体描述	备注
CSA/CSF 板	CKS1	黄色	亮	锁定（正常跟踪）	
	CKS2	黄色	亮	锁定（正常跟踪）	
	MS	黄色	亮	主用 CSA/CSF 板	
	TCS	黄色	亮	TCS 在位	
电支路板	NOM 绿灯	绿色	闪烁	正常运行	
	ALM1 黄灯	黄色	亮	主要告警或次要告警	
	ALM2 红灯	红色	亮	紧急告警	
光线路板	NOM 绿灯	绿色	闪烁	正常运行	
	ALM1 黄灯	黄色	亮	单板有主要告警	
	ALM2 红灯	红色	亮	单板有紧急告警	
	TX 绿灯	绿色	亮	相应光接口工作正常	
	RX 绿灯	绿色	亮	相应光接口工作正常	
SEE 网口板	NOM 绿灯	绿灯	闪烁	正常运行	
	ALM1 黄灯	黄色	亮	单板有主要告警	
	ALM2 红灯	红色	亮	单板有紧急告警	
	LA*n* 绿灯	绿色	亮	相应 FE 接口处于 Link 状态	
	SP*n* 绿灯	绿色	亮	相应 FE 接口速率为 100 Mbps	
	LA 绿灯	绿色	亮	GE 光接口处于 Link 状态	
	SD 绿灯	绿色	亮	GE 光接口接收到光信号	

2.5 故障（障碍）处理

2.5.1 故障（障碍）处理流程

见 22.2“通信设备故障（障碍）处理流程图”。

2.5.2 故障（障碍）处理原则

1. 先抢通，后修复

当出现故障时，首先要保证业务，然后再进行故障修复。如果存在影响业务的传输网络告警故障，如在 2 Mbps 业务通道出现 LOS（信号丢失）告警、由于外线原因导致的收无光或收光弱告警、板件故障等情况下产生的故障，必须首先抢通业务。不过，要想先抢通业务，需要一个先决条件，那就是网络中有与故障通道相同起始点的可用通道资源或与故障板件相同的可用备板。

2. 先系统，后区段，再单站

在处理传输系统故障时，要按“先系统，后区段，再单站”的顺序进行。

3. 先外部，后传输

在处理故障时，要先排除外部的可能因素，如断纤、终端设备故障、设备电源或机房环境配套故障等，然后再进行传输系统原因查找。当可能存在因外界因素影响而产生传输网络告警故障时，如出现设备温度告警、光路告警、网元失效告警，也需照此办法处理。

4. 先单站，后板件

在查找传输设备故障原因时，需要先定位到单站，再定位到对应板件。当发生一般设备故障时，不会仅有一个站点出现告警，而是在很多站点同时出现告警，至少应在本端和对端出现问题。要第一时间联系厂家和网管中心，根据现场设备情况，分析和判断故障范围，快速、准确地定位是哪个单站的问题，而后尽可能准确地将故障定位到单站，然后再具体定位到单板。

5. 先线路，后支路

在处理故障时，如果支路出现了大量 AIS 告警，则需要先排除线路板故障，再查看支路板故障。由于传输系统线路板的故障常常会引起支路板的异常告警，所以在处理告警时，应按“先线路，后支路”的顺序，排除网管告警；如果支路出现大量 AIS 告警，则首先查看线路板是否出现 LOS 告警或其他异常告警，再查看支路板告警。

6. 先高级，后低级

在进行告警分析时，先分析高级别告警，再分析低级别告警。特别是当高、低级别告警同时存在时，应首先分析级别高的告警，如紧急告警、主要告警，然后再分析级别低的告警，如次要告警、远端告警。处理告警时，要优先处理影响业务的告警。

2.5.3 故障（障碍）处理思路

进行故障（障碍）处理时，应首先记录故障现象，同时备份网管数据，便于故障处理时误改数据或故障处理不成功后进行数据恢复。

在遇到故障（障碍）时，应该仔细查看故障现象并分析可能原因，从而做到有方向、有目的、迅速地处理故障。故障处理一般应遵循“先看，再问，然后思考，最后动手”的思路，不要盲目着手处理，盲目处理不仅漫无目的、影响效率，而且还可能造成新的故障。

传输设备故障告警都不是孤立地出现的，因为一设备的故障往往会引发相关设备的连锁告警反应。因此，在分析故障告警时，不要仅对某一个告警进行单一的分析，要从网络系统的角度去分析告警现象，以便正确定位故障点。

到达现场后，首先查看故障现象，包括故障出现的位置、有哪些告警、故障的严重程度、对业务造成的影响等，这样才能够明白故障的本质。

根据现场实际情况，再结合自己的知识进行思考、分析，判断何种原因可能引起该种故障等，做出最为正确的判断，最后根据故障定位原则找出故障点。

2.5.4 故障（障碍）定位和分析处理

1. 定位故障（障碍）的一般过程

① 检查光纤和电缆是否接错、光路和网管系统是否正常，排除设备外的故障。

② 检查各站点业务配置是否正确，排除配置错误的可能性。

③ 通过告警性能来分析故障的原因。

④ 通过逐段环回来进行故障的区段定位，将故障线路以设备端口、配线架、转换设备等为界面，划分为段，通过测试，对故障做最终定位。

⑤ 通过更换单板来定位故障板。

2. 全网系统故障（障碍）的分析处理

① 当核心主枢纽设备电源原因导致故障时，遵循“先外部，后传输”的原则进行外部供电及设备电源部分因素排除；当非外部供电及电源引线原因导致故障时，及时排查传输设备供电开关、电源板状态，进行更换电源板等相应处理。

② 当光缆、连接光纤原因导致故障时，及时进行相应处理，排除故障。

③ 当核心主枢纽系统数据配置原因导致故障时，及时进行数据更改、配置，排除故障。

④ 当核心主枢纽设备重要板件原因导致故障时，及时进行重要板件更换，排除故障。

3. 区段故障（障碍）的分析处理

① 当区域枢纽设备电源原因导致故障时，遵循“先外部，后传输”的原则进行外部供电及设备电源部分因素排除；当非外部供电及电源引线原因导致故障时，及时排查传输设备供电开关、电源板状态，进行更换电源板等相应处理。

② 当光缆、连接光纤原因导致故障时，及时进行相应处理，排除故障。

③ 当区域枢纽系统数据配置原因导致故障时，及时进行数据更改、配置，排除故障。

④ 当区域枢纽设备重要板件原因导致故障时，及时进行重要板件更换，排除故障。

4. 单站故障（障碍）的分析处理

① 当设备电源原因导致故障时，遵循“先外部，后传输”的原则进行外部供电及设备电源部分因素判别；当非外部供电及电源引线原因导致故障时，及时排查传输设备供电开关、电源板状态，用仪表测试法进行测试、分析、判断和定位，进行更换电源板等相关

处理，排除故障。此类故障的主要原因有设备直流掉电、熔断器故障和电源板故障等。

② 当光缆、连接光纤原因导致故障时，用仪表测试法进行测试、分析、判断和定位，及时进行替换等相应处理，排除故障。此类故障的主要原因有光缆线路中断，光缆线路总衰耗过大、收发光弱和连接光纤断，连接光纤弯曲半径过小，法兰盘接头有灰尘及连接光纤头脏等。

③ 当数据配置原因导致故障时，及时联系网管查看网管业务数据情况，进行数据更改、配置，排除故障。

④ 当设备重要板件原因导致故障时，对告警与性能事件进行分析，可采用环回法、替代法、数据分析法、仪表测试法来判断告警及故障产生的原因，将其定位到单板；及时进行重要板件更换，排除故障。此类故障的主要原因是线路板、支路板、时钟板、交叉板、主控板等器件损坏。

3 程控交换、接入网设备

3.1 维护作业安全要求

3.1.1 数字程控交换设备

数字程控交换设备维护作业安全要求如表 3.1 所示。

表 3.1 数字程控交换设备维护作业安全要求

<table>
<tr><td>设备描述</td><td>数字程控交换设备是利用计算机技术完成程序控制、呼叫、接续等工作的电话交换机，由呼叫控制、用户系统、网管系统、计费和配套设备组成</td><td>设备写真</td><td></td></tr>
<tr><td rowspan="2">工具仪表</td><td colspan="3">工具：毛刷、清洁工具、尼龙绑扎带、绝缘胶布、标签打印机、组合工具等</td></tr>
<tr><td colspan="3">仪表：万用表、2 Mbps 误码仪等</td></tr>
<tr><td rowspan="5">安全操作事项</td><td colspan="3">（1）作业前与网管（调度）联系，征得同意后方可进行作业，不得超范围作业</td></tr>
<tr><td colspan="3">（2）查看设备指示灯是否正常</td></tr>
<tr><td colspan="3">（3）作业人员严禁佩戴戒指、手表等金属饰品</td></tr>
<tr><td colspan="3">（4）检修作业时，不得将异物坠入设备机架内部</td></tr>
<tr><td colspan="3">（5）更换电路板前，须戴防静电手腕，并检查单板型号，保证二者一致；更换电路板时，禁止用手直接触摸单板芯片，防止人体静电损坏单板</td></tr>
</table>

续表

安全操作事项	（6）拔出电路板时，应双手分别抓住上、下扳手处，用力适度，将单板平滑拉出插槽；插入电路板时，应将单板对准槽道缓慢推入，不得用力过猛，防止母板插针弯折
	（7）更换电源板时，应先将故障电源板开关置于 OFF 位置后方可拔出，然后检查备用电源板开关，置于 OFF 位置后方可插入；更换电源板后将开关置于 ON 位置，并检查电源板工作状态是否正常
	（8）清扫有开关的单板表面时，不得碰触开关，不得随意更改电路板功能开关状态
	（9）整理缆线时，防止扯拉；布放或拆除缆线时，不得交叉，裸露金属部分应做绝缘处理
	（10）确认设备所有指示灯正常后，听风扇运转声音，感受风向、风量，风扇应运转声音匀称，无异响；清洗滤网，清扫风扇
	（11）检查台账与实际运用以及运用标签是否一致
安全卡控	**作业前：** 与网管联系、沟通，现场确认设备运行正常，各部件外观完好
	作业中： 板件更换，切换试验，数据配置、下发、备份等重要作业需双人操作，作业时须佩戴防静电手腕
	作业后： 设备计表完成后，查看网管设备状态及业务，确认正常后方可离开

3.1.2 接入网设备

接入网设备维护作业安全要求如表 3.2 所示。

表 3.2 接入网设备维护作业安全要求

设备描述	铁路接入网用于将用户信息接入到相应的通信业务网络节点，主要实现铁路电话的远程接入，同时为铁路用户提供点对点低速数据和音频电路的接入	设备写真	

续表

工具仪表	**工具**：毛刷、清洁工具、尼龙绑扎带、绝缘胶布、标签打印机、组合工具等
	仪表：数字万用表、2 Mbps 数字数据性能分析仪等
安全操作事项	（1）作业前与网管（调度）联系，征得同意后方可进行作业，不得超范围作业
	（2）查看设备指示灯是否正常
	（3）作业人员严禁佩戴戒指、手表等金属饰品
	（4）检修作业时，不得将异物坠入设备机架内部
	（5）更换电路板前，须佩戴防静电手腕，并检查单板型号，保证二者一致；更换电路板时，禁止用手直接触摸单板芯片，防止人体静电损坏单板
	（6）拔出电路板时，应双手分别抓住上、下扳手处，用力适度，将单板平滑拉出插槽；插入电路板时，应将单板对准槽道缓慢推入，不得用力过猛，防止母板插针弯折
	（7）更换电源板时，应先将故障电源板开关置于 OFF 位置后方可拔出，然后检查备用电源板开关，置于 OFF 位置后方可插入；更换电源板后将开关置于 ON 位置，并检查电源板工作状态是否正常
	（8）清扫有开关的单板表面时，不得碰触开关，不得随意更改电路板功能开关状态
	（9）整理音频架时，音频线应整齐地卡接在卡线模块上，杜绝线缆交叉
	（10）登高检修设备时，应先检查梯凳是否防滑、坚固、平稳，作业时必须把工具和物品放牢，以防坠落伤人
	（11）检查台账与实际运用以及运用标签是否一致
安全卡控	**作业前**： 与网管联系、沟通，现场确认设备运行正常，各部件外观完好
	作业中： 板件更换，切换试验，数据配置、下发、备份等重要作业需双人操作，作业时须佩戴防静电手腕
	作业后： 设备计表完成后，查看网管设备状态及业务，确认正常后方可离开

3.2 维护作业流程

程控交换设备和接入网设备的维护作业流程如表 3.3 所示。

表 3.3　程控交换设备和接入网设备的维护作业流程

<table>
<tr><td rowspan="8">作业前准备</td><td rowspan="5">作业内容</td><td>（1）组织作业准备会，布置任务，明确分工</td></tr>
<tr><td>（2）检查着装：作业、防护人员按规定着装</td></tr>
<tr><td>（3）检查工器具：工具、仪表、防护用具齐全，性能良好</td></tr>
<tr><td>（4）梳理信息：对作业范围内的设备运用相关信息进行梳理</td></tr>
<tr><td>（5）准备材料：根据作业项目及设备运用情况准备材料</td></tr>
<tr><td rowspan="3">安全
风险卡控</td><td>（1）卡控作业人员状态、安全措施、防护人员是否落实到位</td></tr>
<tr><td>（2）途中对车辆、司机的互控措施是否落实到位</td></tr>
<tr><td>（3）对工具、仪表、器材的卡控措施是否落实到位</td></tr>
<tr><td rowspan="4">联系登记</td><td rowspan="3">作业要求</td><td>（1）按照设备维修作业等级进行登销记</td></tr>
<tr><td>（2）作业人员严格执行“三不动”“三不离”“四不放过”及入室登记等安全制度，在网管监控下按程序进行维护作业</td></tr>
<tr><td>（3）按计划对维护项目逐项检修，并如实填写检修记录</td></tr>
<tr><td>作业内容</td><td>进入无人值守机房后，首先向网管（调度）汇报，汇报内容包括：部门、姓名、作业内容等，并在《入室登记本》内登记</td></tr>
<tr><td rowspan="5">作业项目</td><td colspan="2">（1）程控交换中继及主控层设备检修</td></tr>
<tr><td colspan="2">（2）程控设备用户层设备检修</td></tr>
<tr><td colspan="2">（3）计费、查号、系统数据备份</td></tr>
<tr><td colspan="2">（4）接入网设备检修</td></tr>
<tr><td colspan="2">（5）电气连接、附属设备设施检修</td></tr>
<tr><td rowspan="6">复查
试验销记</td><td rowspan="3">作业内容</td><td>（1）联系网管确认所有业务正常</td></tr>
<tr><td>（2）检查工器具，应无遗漏</td></tr>
<tr><td>（3）清理作业现场，在《入室登记本》内登记后方可离开</td></tr>
<tr><td rowspan="3">安全
风险卡控</td><td>（1）卡控登记制度、入室汇报制度是否落实到位</td></tr>
<tr><td>（2）卡控作业流程、表本填写、防护制度是否落实到位</td></tr>
<tr><td>（3）卡控销记制度、出室汇报制度、计表数量是否落实到位</td></tr>
<tr><td rowspan="6">作业结束</td><td rowspan="3">作业内容</td><td>（1）作业人员报告作业完成情况</td></tr>
<tr><td>（2）工班长总结当日作业情况，对未克服的设备缺点制订下一步整治措施</td></tr>
<tr><td>（3）在《设备检修记录表》《值班日志》中逐项进行记录</td></tr>
<tr><td rowspan="3">安全
风险卡控</td><td>（1）卡控归途中的车辆、司机互控是否落实到位</td></tr>
<tr><td>（2）若发现问题，卡控问题库管理制度是否落实到位</td></tr>
<tr><td>（3）卡控问题追踪、问题克服是否落实到位</td></tr>
</table>

3.3 维护作业标准

3.3.1 程控交换设备巡检作业

程控交换设备巡检作业标准如表 3.4 所示。

表 3.4 程控交换设备巡检作业标准

序号	巡检项目	巡检方法	标准及要求
1	设备运行环境巡检	查看门窗密封情况，观察温湿度计	门窗密封良好，温度为 18～28 ℃，湿度为 30%～75%
2	设备外观状态巡检	（1）巡检机柜、子架、配线端子固定情况	机柜、子架安装牢固，无倾斜；配线端子连接良好，无松动
		（2）查看补空板安装情况	补空板齐全，安装稳固
		（3）检查设备机柜门锁扣	设备机柜门锁扣安装良好，开关灵活
		（4）检查设备机架、面板是否清洁	设备机架、面板清洁，无污垢、积尘
3	设备运行状态巡检	（1）检查机柜声光告警	机柜声光告警功能正常
		（2）查看设备单板运行状态	设备单板运行正常，指示灯显示正常（指示灯状态描述见 3.4 节）
		（3）查看设备风扇运行情况	设备风扇转速均匀、转动顺滑，无黏滞，无噪声，无异常
		（4）查看设备子架滤网安装情况清扫	设备子架滤网安装良好，清洁无污垢
4	线缆连接状态巡检	电源连接线、接地引线等各类连接配线检查	① 线缆整齐合理，无破损； ② 卡接良好，接头无松动； ③ 线缆弯曲半径符合标准
5	设备标识标牌巡检	设备机架、电缆配线、接地引线等标识标牌检查	标识标牌准确无误，无脱落，无缺失
6	网管设备运行状态检查	（1）查看网管设备运行情况	网管设备运行正常
		（2）用软布、电吹风等清扫网管设备	网管设备清洁，无积尘，无污垢

3.3.2 接入网设备巡检作业

接入网设备巡检作业标准如表 3.5 所示。

表 3.5 接入网设备巡检作业标准

序号	巡检项目	巡检方法	标准及要求
1	设备运行环境巡检	查看门窗密封情况，观察温湿度计	门窗密封良好，温度为 18～28 ℃，湿度为 30%～75%
2	设备外观状态巡检	（1）巡检机柜、子架、配线端子固定情况	机柜、子架安装牢固，无倾斜；配线端子连接良好，无松动
		（2）查看补空板安装情况	补空板齐全，安装稳固
		（3）检查设备机柜门锁扣	设备机柜门锁扣安装良好，开关灵活
		（4）检查设备机架、面板是否清洁	设备机架、面板清洁，无污垢，无积尘
3	设备运行状态巡检	（1）机柜声光告警检查	机柜声光告警功能正常
		（2）设备单板运行状态查看	设备单板运行正常，指示灯显示正常（指示灯状态描述见 3.4 节）
		（3）设备风扇运行情况查看	设备风扇转速均匀、转动顺滑，无黏滞，无噪声，无异常
		（4）设备子架滤网安装情况查看、清扫	设备子架滤网安装良好，清洁无污垢
4	线缆连接状态巡检	电源连接线、接地引线等各类连接配线检查	① 线缆整齐合理，无破损； ② 卡接良好，接头无松动； ③ 线缆弯曲半径符合标准
5	设备标识标牌巡检	设备机架、电缆配线、接地引线等标识标牌检查	标识标牌准确无误，无脱落，无缺失
6	设备运行状态确认	与网管联系，确认设备运行状态	设备运行正常，无告警

3.3.3 程控交换设备检修作业

程控交换设备检修作业标准如表 3.6 所示。

表 3.6　程控交换设备检修作业标准

周期	检修项目	检修方法	标准及要求
月	（1）数据备份、转储	对数据进行备份、转储	① 数据符合规范； ② 利用专用存储设备进行备份、转储
	（2）话单备份、转储	对话单进行备份、转储	利用专用存储工具进行备份、转储
	（3）病毒查杀	定期进行病毒查杀	安全无病毒
	（4）BAM 的磁盘空间整理	利用磁盘整理软件进行磁盘空间整理	磁盘空间占用率符合维护标准，满足运行要求
	（5）MPU 主控板的备份状态查询	查询 MPU 主控板的备份状态	数据一致，功能正常
	（6）数据核对检查	对数据进行核对检查	核对结果一致，数据配置符合规范
	（7）计费数据制作、检查、核对	按期对计费数据进行制作、检查、核对	① 检查汇总、分拣后的话单数据与前月相比有无明显浮动； ② 确认打印机工作正常； ③ 按电话合同号顺序统计当月话费
	（8）告警检查	网管查看设备工作状态、告警信息	若设备出现问题，及时确认产生的告警信息并进行分析、处理，直到设备恢复
	（9）机架表面清洁，机房环境清洁	（1）用毛刷、吹风鼓风机、电吹风机、软布等进行机架表面清洁；	整机内外各部清洁，无污垢
		（2）清洁机房环境	机房环境整洁，无积尘
	（10）线缆标识检查	检查、补齐线缆标识	线缆标识准确无误，无脱落，无缺失
季	（11）设备表面、输入输出（I/O）设备清扫、状态检查、诊断测试	（1）进行设备状态检查、诊断测试	设备状态、功能正常
		（2）用毛刷等清洁工具进行设备清洁	设备清洁，无积尘
	（12）中继线电路测试	利用网管进行中继线电路测试	符合《铁路通信维护规则》规定标准
半年	（13）迂回路由测试	利用网管进行迂回路由测试	符合《铁路通信维护规则》规定标准
	（14）局间中继线及特服测试	利用网管进行局间中继线及特服测试	符合《铁路通信维护规则》规定标准
	（15）信号音、通知音检查	定期进行信号音、通知音检查	符合《铁路通信维护规则》规定标准
	（16）用户交换机连选功能数据检查	定期进行用户交换机连选功能数据检查	符合《铁路通信维护规则》规定标准

续表

周期	维护项目	检维修方法	标准及要求
年	（17）主控板、信令链路冗余切换试验	利用网管进行主控板、信令链路冗余切换试验	冗余切换功能正常，业务使用正常
	（18）局数据核对检查，重要数据及时备份	（1）对系统配置数据和台账进行核对	① 核对结果一致； ② 配置数据符合规范
		（2）对修改的重要数据及时备份	利用专用存储工具进行及时备份

3.3.4　接入网设备检修作业

接入网设备检修作业标准如表 3.7 所示。

表 3.7　接入网设备检修作业标准

周期	检修项目	检修方法	标准及要求
月	（1）设备运行环境	（1）查看门窗密封情况	门窗密封良好
		（2）观察温湿度计	温度为 18～28 ℃，湿度为 30%～75%
		（3）检查机柜是否牢固、有无倾斜	机柜安装牢固，无倾斜
	（2）设备表面清扫，运行状态检查	（1）用毛刷、吹风鼓风机、电吹风机等工具清扫设备的内外部积尘、浮灰	设备内外部无积尘，无油泥
		（2）用软布擦除设备面板上的油污，注意避开面板上的按键、开关；油污不易清除时，可适当采用少量洗洁精辅助擦除	设备外表无浮灰、油污，无除规定的设备标签以外的粘贴物和杂物
		（3）查看设备各板件上的工作指示灯、告警灯运行状态	工作指示灯显示正常，若发现异常，应及时处理
	（3）附属配线架检查、保安单元告警性能试验	（1）检查配线架运行状态	配线架安装牢固，各元器件完好
		（2）进行保安单元告警性能试验	保安单元告警性能良好
	（4）风扇检查	（1）关掉风扇框电源，将风扇框拆下，用毛刷、电吹风机等工具清扫积尘	风扇清洁，无积尘
		（2）检查风扇运行状态	风扇转速均匀、转动顺滑，无黏滞，无噪声、异常，扇叶齐全、无破损，如有不正常的要进行更换

续表

周期	检修项目	检修方法	标准及要求
月	（5）电源检查	（1）整理电源线，紧固接口	电源空开、电源线无变形，无严重变色，连接密合良好
		（2）用万用表测量输入电压值	输入电压范围为 DC −43.2～−57.6 V
	（6）接口、线缆标识检查	（1）整理线缆	线缆整齐合理，无破损，卡接良好，接头无松动，线缆弯曲半径符合标准
		（2）检查、补齐标识	线缆标识准确无误，无脱落，无缺失
	（7）维护终端，BAM 表面清扫、检查	用毛刷、吹风鼓风机、电吹风机等工具进行内外部清扫、除尘	设备内外部无积尘、浮灰
	（8）接入网网络时间校正	按照标准时间对照调整	时间与北京标准时间一致
	（9）网管告警处理和性能监测	利用网管查看设备工作状态、告警信息	若设备出现问题，应及时确认告警信息并进行分析、处理，直到设备恢复
	（10）数据修改、备份	及时备份新修改的数据	① 配置数据符合规范； ② 利用专用存储设备进行备份
季	（11）用户资料、号线资料、音频电路端口台账检查核对	进行各类台账检查核对	① 及时进行台账更新； ② 台账准确无误
	（12）信令链路运用情况查看及处理	利用网管进行信令链路运用情况查看	① 符合设备维护标准； ② 若发现异常，应及时处理
半年	（13）地线检查、调整	（1）检查整理地线连接线，紧固地线连接端螺丝、螺母	地线整齐合理、连接牢固，无脱焊、松动、锈蚀及损伤
		（2）测量接地阻值	接地阻值符合标准：采用综合接地系统时，接地电阻≤1 Ω；不具备综合接地系统的机房，接地电阻≤4 Ω

续表

周期	检修项目	检修方法	标准及要求
半年	（14）双备份设备板卡的倒换功能测试（测试前做好数据备份）	（1）检查比对主备板数据	主备板数据应版本一致，主备柜各指示灯应显示正确
		（2）按下主板复位按钮，转备用工作	主备板能够正常转换
		（3）网管确认系统及各业务运行情况	备板工作正常，各项业务正常
	（15）通路电平检查、调整	利用网管进行通路电平检查	① 符合设备维护标准； ② 若发现异常，应及时调整
	（16）网管系统事件、磁盘空间检查，维护终端防病毒检查	（1）检查网管系统事件、磁盘空间	① 检查、分析网管系统事件，若发现异常，应及时处理 ② 磁盘空间满足运行要求
		（2）维护终端防病毒检查	杀毒软件为正版且为最新版本，维护终端安全无病毒
年	（17）数据库一致性检查与备份	对数据库进行一致性检查与备份，并转储	① 数据一致； ② 利用专用存储工具进行备份、转储
	（18）备品、备件检查和资料整理	（1）检查备品、备件	备品、备件管理规范、配置合理
		（2）整理资料	资料完整、准确

3.4 设备指示灯状态描述

3.4.1 华为程控交换机

华为程控交换机指示灯状态描述如表 3.8 所示。

表 3.8 华为程控交换机指示灯状态描述

名称	指示灯	颜色	状态描述
MPU 板	RUN	红	运行灯正常时快闪
	MUI	黄	本板主用时亮，备用时灭
	BUI	黄	本板主用时灭，备用时亮

续表

名称	指示灯	颜色	状态描述
MPU 板	DPE	黄	数据存储器 Flash Memory 写保护灯允许写时亮
	DWR	绿	数据存储器 Flash Memory 写进行灯写数据时亮
	PPE	黄	程序存储器 Flash Memory 写保护灯允许写时亮
	PWR	绿	程序存储器 Flash Memory 写进行灯写程序时亮
	LAD	黄	加载灯，主机程序/数据加载时快闪
EMA 板	RUN	红	运行灯，正常时以 1 次/2 s 的频率闪烁，即 1 s 亮，1 s 灭
	A/B	黄	主用机指示灯 A 机主用时亮，B 机主用时灭
	ACT	绿	A 机主用时亮
	SBY	绿	A 机备用时亮
	OUT	绿	A 机离线时亮
	ACT	绿	B 机主用时亮
	SBY	绿	B 机备用时亮
	OUT	绿	B 机离线时亮
BNET 板	RUN	红	FSK 加载并运行正常时以 1 次/2 s 的频率闪烁
	ACT	绿	主备用指示灯，亮表示本板主用，灭表示本板备用
	ANT	绿	另一块网板即对板是否在位，亮表示对板在位，灭表示对板不在位
	OPT	绿	OPT 与 CKI 组合表示网板的时钟工作模式
	CKI	绿	
LPN7 板	LINK1	绿	第一条链路状态指示灯，链路激活后常亮
	LINK2	绿	第二条链路状态指示灯，链路激活后常亮
	LINK3	绿	第三条链路状态指示灯，链路激活后常亮
	LINK4	绿	第四条链路状态指示灯，链路激活后常亮
C805DTM 板	RUN	红	（1）运行指示灯，正常运行时以 1 次/2 s 的频率闪烁； （2）已与 NOD 通信上但未配置本板时每 0.5 s 闪一次； （3）灯灭说明 DTM 与 NOD 通信失败
	CRC1	绿	第 1 路 CRC4 检验出错指示灯，亮表示第 1 路 CRC4 检验出错，灭表示第 1 路 CRC4 检验正常

续表

名称	指示灯	颜色	状态描述
C805DTM 板	LOS1	绿	第 1 路信号失步指示灯，亮表示第 1 路信号失步，灭表示第 1 路信号工作正常
	SLP1	绿	第 1 路信号滑帧指示灯，亮表示第 1 路信号有滑帧，灭表示第 1 路信号工作正常
	RFA1	绿	第 1 路信号远端告警指示灯，亮表示第 1 路信号远端告警，灭表示第 1 路信号工作正常
	MOD	绿	工作方式指示灯，亮表示 DTM 工作在 CAS1 号信令模式，灭表示 DTM 工作在 CCS7 号信令模式

3.4.2 华为接入网设备

华为接入网设备指示灯状态描述如表 3.9 所示。

表 3.9 华为接入网设备指示灯状态描述

名称	指示灯	颜色	状态描述
AV5 板	RUN	红色	① 1 s 亮/1 s 灭闪烁：主用正常； ② 0.1 s 亮/1.9 s 灭闪烁：备用正常； ③ 1.9 s 亮/0.1 s 灭闪烁：由备用升主用，正在进行平滑处理； ④ 0.25 s 亮/0.25 s 灭闪烁：正在加载或主备身份还未确认； ⑤ 小于 0.25 s 闪烁：加载程序正在解压缩
	V5S	绿色	① 亮：V5 接口正常； ② 灭：V5 接口不正常
	V5L	绿色	① 亮：所有 V5 链路层正常； ② 灭：所有 V5 链路层异常； ③ 1 s 周期闪烁：有一条链路不正常（若此时 V5S 亮，则为次链故障），异常的链路越多闪烁频率越高
	MSL	绿色	① 亮：链路正常； ② 灭：链路异常
	COM	绿色	① 亮：通信正常； ② 灭：通信异常
	CLK	绿色	① 亮：本板时钟主用； ② 灭：本板时钟备用

续表

名称	指示灯	颜色	状态描述
AV5 板	MOD	绿色	① 亮：通信正常； ② 0.5 s 亮/0.5 s 灭周期闪烁：与主机通信未建立； ③ 1 s 亮/1 s 灭周期闪烁：接受配置后正常开工运行
RSP 板	RUN	红色	① 0.25 s 亮/0.25 s 灭周期闪烁：工作异常； ② 1 s 亮/1 s 灭周期闪烁：工作正常
	AID	绿色	① 亮：正在互助对板； ② 灭：没有互助
	CLK	绿色	① 亮：该板为本功能机框提供系统时钟； ② 灭：该板不为本功能机框提供系统时钟
	LINK1	绿色	① 亮：与上级设备通信正常； ② 灭：与上级设备通信不正常
	LINK2	绿色	备用
	E11～E14	绿色	① 亮：链路异常； ② 灭：链路正常
PWC 板	RUN	红色	① 亮：表示本板输入电压正常； ② 灭：表示本板输入电压异常
	VA0	绿色	① 亮：G1 模块+5 V 输出正常； ② 灭：G1 模块+5 V 输出异常
	VB0	绿色	① 亮：G2 模块+5 V 输出正常； ② 灭：G2 模块+5 V 输出异常
	FAIL	黄色	① 闪烁：本板内有一模块出现异常状态（以 25 Hz 的闪烁频率）； ② 灭：本板内无模块出现异常状态
PV8 板	RUN	红色	① 1 s 亮/1 s 灭周期闪烁：主用正常； ② 0.1 s 亮/1.9 s 灭周期闪烁：备用正常； ③ 1.9 s 亮/0.1 s 灭周期闪烁：由备用升主用，在进行平滑处理； ④ 0.25 s 亮/0.25 s 灭周期闪烁：正在加载或主备身份还未确认； ⑤ 周期小于 0.25 s 闪烁，加载程序正在解压缩
	CLK	绿色	① 亮：本板时钟主用； ② 灭：本板时钟备用

续表

名称	指示灯	颜色	状态描述
PV8 板	V5S	绿色	**主板**： ① 亮：所有接口正常； ② 灭：所有接口异常； ③ 闪烁：部分接口不正常，异常的接口越多闪烁频率越高
			备板：常灭
	V5L	绿色	**主板**： ① 亮：所有链路正常； ② 灭：所有链路异常； ③ 闪烁：部分链路不正常，异常的链路越多闪烁频率越高
			备板：常灭
	MSL	绿色	① 1.9 s 亮/0.1 s 灭闪烁：链路正常； ② 灭：链路异常
	COM	绿色	① 亮：通信正常； ② 灭：通信异常
	E1S	绿色	由面板上的拨码开关选择显示本板某一路的 E1 状态： ① 亮：E1 接口正常； ② 灭：E1 接口帧失步或载波丢失； ③ 0.9 s 亮/0.1s 灭闪烁：滑码； ④ 0.5 s 亮/0.5 s 灭闪烁：远端帧失步
	NOD	绿色	① 亮：通信正常； ② 0.25 s 亮/0.25 s 灭周期闪烁：与主机通信未建立； ③ 1 s 亮/1 s 灭周期闪烁：接受配置后正常开工运行
	ETN	绿色	备用指示灯
PWX 板	VIN	红色	① 亮：表示本板输入电压正常； ② 灭：表示本板输入电压异常
	VA0	绿色	① 亮：铃流输出正常； ② 灭：铃流输出异常
	VB0	绿色	① 亮：+5 V 输出正常； ② 灭：+5 V 输出异常
	VC0	绿色	① 亮：−5 V 输出正常； ② 灭：−5 V 输出异常
	FAIL	黄色	① 闪烁：本板内有一模块出现异常状态（以 25 Hz 的频率闪烁）； ② 灭：本板内无模块出现异常状态

3.4.3 中兴接入网 ZXA10-U300、T600 设备

中兴接入网 ZXA10-U300、T600 设备指示灯状态描述如表 3.10 所示。

表 3.10 中兴接入网 ZXA10-U300、T600 设备指示灯状态描述

名称	指示灯	颜色	状态描述
ESU 板	RUN	绿色	运行灯，绿灯闪烁表示单板运行正常
	ALM	红色	告警灯，灯亮表示单板工作不正常
	M/S	绿色	主用指示灯，灯亮表示本板主用，灯灭表示本板备用
SSUB 板	RUN	绿色	运行灯，绿灯闪烁表示单板运行正常
	ALM	红色	告警灯，灯亮表示单板工作不正常
	ACT	绿色	主用指示灯，灯亮表示本板主用，灯灭表示本板备用
	SYN	绿色	同步指示灯，灯亮表示同步于外部时钟源，否则灯灭
ODT 板	RUN	绿色	运行灯，绿灯闪烁表示单板运行正常
	ALM	红色	告警灯，灯亮表示单板工作不正常
	DT1～DT8	绿色	表示 ODT 板上的 8 个 E1 接口的状态； ① 灯不亮，表示相应 2M 链路没有配置使用，或者 2M 链路已经配置但其物理状态异常； ② 灯常亮，表示 2M 链路已经配置并且物理状态正常，而对于 V5 主链路、连 ICS 的链路而言，则表明信令通路工作异常； ③ 灯不停闪烁，表示 2M 链路已经配置并且物理状态正常，其上的信令通路工作也正常
电源板	ALM	红色	告警灯，灯亮表示单板工作不正常
	-48 V	绿色	-48 V 电源指示灯，灯亮表示电源工作正常
	RING	绿色	运行灯，绿灯闪烁表示单板运行正常
	+5 V	绿色	+5 V 电源指示灯，灯亮表示电源工作正常
	+5 VJ	绿色	+5 VJ 电源指示灯，灯亮表示电源工作正常
	-5 V	绿色	-5 V 电源指示灯，灯亮表示电源工作正常
TRK 板	RUN	绿色	运行指示灯，1 s 的频率慢闪表示工作正常
	ALM	红色	故障指示灯，点亮表示单板硬件或软件故障
	HOOK		当有一个或多个用户摘机时，HOOK 灯亮

续表

名称	指示灯	颜色	状态描述
GICS 板	RUN	绿色	运行指示灯，1 s 的频率慢闪表示工作正常
	ALM	红色	故障指示灯，点亮表示单板硬件或软件故障
	M/S	绿色	主备状态指示灯，主用常亮，备用灭
	N-ACT	绿色	窄带状态指示灯，0.5 s 的频率闪烁
	B-ACT	绿色	宽带状态指示灯，0.5 s 的频率闪烁
	DT	绿色	窄带中继指示灯，常亮
	LNK1	绿色	宽带级联状态指示灯，0.5 s 的频率闪烁
	LNK2	绿色	宽带级联状态指示灯，0.5 s 的频率闪烁

3.5 故障（障碍）处理

3.5.1 故障（障碍）处理流程

见 22.2“通信设备故障（障碍）处理流程图”。

3.5.2 程控交换设备故障（障碍）处理

1. 故障（障碍）处理原则

当系统发出告警信息时，应及时按以下原则对故障进行分析和处理：

① 处理重要事件时，首先做好局数据备份；

② 尽量不影响全局通话，最好在话务空闲时处理；

③ 从单板指示灯和维护台观察单板，不要盲目更换单板，以防故障扩散；

④ 插拔单板时，一定要佩戴防静电手腕，并将接地端可靠接地。

2. 故障（障碍）处理思路

在进行故障处理时，应首先记录故障现象，同时备份网管数据，以便于在故障处理时误改数据或故障处理不成功后进行数据恢复。

在遇到故障时，应该仔细查看故障现象并分析可能原因，从而做到有方向、有目的、迅速地处理故障。故障处理一般应遵循“先看，再问，然后思考，最后动手”的思路，不要盲目处理，盲目处理不仅漫无目的，影响效率，而且还可能造成新的故障。

设备维护人员可通过机柜告警灯、后台告警信息、单板指示灯状态获得故障（障碍）

信息，再结合自己的知识进行思考、分析，判断何种原因可能引起该种故障，做出较为正确的判断，最后根据故障定位原则找出故障点。

3. 故障（障碍）定位和分析处理

1）用户部分

在日常维护工作中，用户部分的故障是最常见的一类故障，一般可分为外线故障和交换机相关功能部件故障。常见的外线故障有断线、短路及接地等，可通过外线测试加以判断。

① 零散用户故障：一般分散于ASL单板的个别用户，可以通过更换用户板解决，也可以通过应急方法处理，如更改用户对应的电路内码。

② 连续32个用户故障：更换ASL单板。

③ 半框用户故障：检查节点配置NOD线、HW线、DRV单板及ASL单板。

④ 整框用户故障：检查PWX板及–48 V馈电是否正常。

⑤ 整个用户模块故障：检查MPU板、PWC板、时钟、BNET板、SIG等板件及–48 V馈电。

⑥ 用户不振铃，但可正常通话：检查PWX板。

⑦ 所有用户通话异常：检查NOD板、NOD线及HW线，倒换或更换NET板。

2）中继部分

中继部分相关的部件包括NOD、NO7、LAP、MFC、DTM、NET等板件及中继线等，此类故障可通过观察单板指示灯和查看系统告警信息来定位，处理方法和步骤如下：

① 传输告警：通过查看系统产生的传输告警和DTM板指示灯的状态来判断故障点。

② 单板故障告警：复位DTM板，若仍处于故障状态，则需更换DTM板。

③ NOD故障引起单板故障告警：检查相关NOD板，如果为故障状态，可进行节点调配或更换NOD板。

3）终端系统

清除终端系统故障的目的是保证BAM正常工作，顺利接收主机信息，将WS命令提交主机执行。

终端系统故障分析处理应从易到难，按计算机病毒、网络连接、终端匹配头连接是否可靠、网络IP冲突等环节逐步开展。

3.5.3 接入网设备故障（障碍）处理

1. 故障（障碍）处理原则

在处理故障时，遵循“先抢通、后修复，先外线、后设备，先内部、后外部”的故障处理原则，使用测试法、替换法等及时排除故障（障碍），保证业务正常使用。

2. 故障（障碍）处理思路

在进行故障处理时，应首先记录故障现象，同时备份网管数据，以便于在故障处理时误改数据或故障处理不成功后进行数据恢复。

故障处理一般应遵循“先看，再问，然后思考，最后动手”的思路，不要盲目处理，盲目处理不仅漫无目的，影响效率，而且还可能造成新的故障。

设备维护人员要以通信控制、话路为主线，以测试为手段，进行分析、判断，从而准确进行故障定位，排除故障。

3. 话机无馈电定位和分析处理

① 首先判断是由于短路还是断线引起话机无馈电。对相应的用户端口进行外线测试，根据测试结果判断出外线的自混、他混、地气、断线等故障状态。

若用户外线短路，可通过查看用户端口状态快速判断，短路状态为锁定态；也可通过呼叫用户判断，如能听到回铃音，应该排除短路的情况。

② 还需判断 ASL 板用户端口是否故障。用测试话机或万用表对相应的用户端口进行测试，根据测试结果判断为端口损坏时，需将用户移到其他端口或直接更换 ASL 板。

③ 根据需要，判断是外线故障还是电路故障。在配线架上隔离用户外线，用测试话机或万用表对用户线进行测试，如有拨号音或电压为-48 V，说明电路正常；否则，应对 ASL 板和用户电缆进行检查，如更换 ASL 板、测量用户电缆线的导电性等。

④ 根据需要，判断用户话机是否故障。用户话机故障也是造成话机无馈电的常见原因，一般在故障处理的开始阶段或最后阶段，可采用更换话机或用万用表测试用户端用户线的电压等方法判断话机是否故障。

4 软交换设备

4.1 维护作业安全要求

软交换设备维护作业安全要求如表 4.1 所示。

表 4.1 软交换设备维护作业安全要求

设备描述	软交换是一种功能实体，为下一代网络NGN提供具有实时性要求的业务呼叫控制和连接控制功能，是下一代网络呼叫与控制的核心。简单地看，软交换是实现传统程控交换机的“呼叫控制”功能的实体，但传统的“呼叫控制”功能是和业务结合在一起的，不同的业务所需要的呼叫控制功能不同，而软交换是与业务无关的，这要求软交换提供的呼叫控制功能是各种业务的基本呼叫功能	设备写真	
工具仪表	**工具**：工具包（一字螺丝刀、十字螺丝刀、烙铁、焊锡、尖嘴钳、偏口钳）、卡刀、压钳、带两种测试头的手把器电话等		
	仪表：误码测试仪、网线测试仪、万用表等		
安全操作事项	（1）作业前与网管（调度）联系，征得同意后方可进行作业，不得超范围作业		
	（2）查看设备指示灯是否正常		
	（3）作业人员严禁佩戴戒指、手表等金属饰品		
	（4）检修作业时，不得将异物坠入设备机架内部		
	（5）更换电路板前，须佩戴防静电手腕，并检查单板型号，保证二者一致；更换电路板时，禁止用手直接触摸单板芯片，防止人体静电损坏单板		

续表

安全操作事项	（6）拔出电路板时，应双手分别抓住上、下扳手处，用力适度，将单板平滑拉出插槽；插入电路板时，应将单板对准槽道缓慢推入，不得用力过猛，防止母板插针弯折
	（7）更换电源板时，应先将故障电源板开关置于 OFF 位置后方可拔出，然后检查备用电源板开关，置于 OFF 位置后方可插入；更换电源板后将开关置于 ON 位置，并检查电源板工作状态是否正常
	（8）清扫有开关的单板表面时，不得碰触开关，不得随意更改电路板功能开关状态
	（9）整理缆线时，防止扯拉；布放或拆除缆线时，不得交叉，裸露金属部分应做绝缘处理
	（10）清洁时，勿使用清洁液或喷雾式清洁剂清洁设备外壳，应使用柔软的布料擦拭设备外壳
	（11）检查台账与实际运用以及运用标签是否一致
安全卡控	**作业前：** 与网管联系、沟通，现场确认设备运行正常，各部件外观完好
	作业中： 板件更换，切换试验，数据配置、下发、备份等重要作业需双人操作，作业时须佩戴防静电手腕
	作业后： 设备计表完成后，查看网管设备状态及业务，确认正常后方可离开

4.2 维护作业流程

软交换设备维护作业流程如表 4.2 所示。

表 4.2 软交换设备维护作业流程

作业前准备	作业内容	（1）组织作业准备会，布置任务，明确分工
		（2）检查着装：作业、防护人员按规定着装
		（3）检查工器具：工具、仪表、防护用具齐全，性能良好
		（4）梳理信息：对作业范围内设备运用相关信息进行梳理
		（5）准备材料：根据作业项目及设备运用情况准备材料
	安全风险卡控	（1）卡控作业人员状态、安全措施、防护人员是否落实到位
		（2）途中对车辆、司机的互控措施是否落实到位
		（3）对工具、仪表、器材的卡控措施是否落实到位

续表

联系登记	作业要求	（1）按照设备维修作业等级进行登销记
		（2）作业人员严格执行“三不动”“三不离”“四不放过”等安全制度，在网管监控下按程序进行维护作业
		（3）按计划对维护项目逐项检修，并如实填写检修记录
	作业内容	进入无人值守机房后，首先向网管（调度）汇报，汇报内容包括：部门、姓名、作业内容等，并在《入室登记本》内登记
作业项目		（1）设备外部清扫
		（2）设备运行指示灯状态和设备间连线检查
		（3）电源、风扇、地线检查
		（4）系统数据核对，数据清理、备份
		（5）告警和异常处理
复查 试验销记	作业内容	（1）作业完毕，联系网管确认所有业务正常
		（2）检查工器具，应无遗漏
		（3）清理作业现场后方可离开
	安全 风险卡控	（1）卡控登记、汇报制度是否落实到位
		（2）卡控作业流程、表本填写、防护制度是否落实到位
		（3）卡控销记、汇报制度、计表数量是否落实到位
作业结束	作业内容	（1）作业人员报告作业完成情况
		（2）工班长总结当日作业情况，对未克服的设备缺点制定下一步整治措施
		（3）在《设备检修记录表》《值班日志》中逐项进行记录
	安全 风险卡控	（1）对归途中的车辆、司机的互控措施是否落实到位
		（2）若发现问题，卡控问题库管理制度是否落实到位
		（3）卡控问题追踪、问题克服是否落实到位

4.3 维护作业标准

4.3.1 巡检作业

软交换设备巡检作业标准如表 4.3 所示。

表 4.3 软交换设备巡检作业标准

序号	巡检项目	巡检方法	标准及要求
1	设备运行环境巡检	查看门窗密封情况，观察温湿度计	门窗密封良好，温度为 18～28 ℃，湿度为 30%～75%
2	设备外观状态巡检	（1）巡检机柜、子架、配线端子固定情况	机柜、子架安装牢固，无倾斜；配线端子连接良好，无松动
		（2）检查设备机柜门锁扣	设备机柜门锁扣安装良好，开关灵活
		（3）检查设备机架、面板是否清洁	设备机架、面板清洁，无污垢，无积尘
3	设备运行状态巡检	（1）设备声光告警检查	设备声光告警功能正常
		（2）设备单板运行状态查看	设备单板运行正常，指示灯显示正常（指示灯状态描述见 4.4 节）
		（3）防静电手腕安装情况检查	防静电手腕配备齐全，安装良好
		（4）设备风扇运行情况查看	设备风扇转速均匀、转动顺滑，无黏滞，无噪声，无异常
4	线缆连接状态巡检	2 M 线、网线、电源连接线、接地引线等各类连接配线检查	① 线缆整齐合理，无破损； ② 卡接良好，接头无松动； ③ 线缆弯曲半径符合标准
5	设备标识标牌巡检	设备机架、2 M 线、网线、电源线、电缆配线、接地引线等标识标牌检查	标识标牌准确无误，无脱落，无缺失
6	确认设备运行状态	与网管联系确认设备运行状态	设备运行正常，无告警

4.3.2 检修作业

软交换设备检修作业标准如表 4.4 所示。

表 4.4 软交换设备检修作业标准

周期	检修项目	检修方法	标准及要求
月	（1）设备状态检查	（1）设备运行状态巡视	观察设备各单板的告警指示灯，了解设备的运行状态。有告警时及时与网管中心联系，查找原因并进行处理。 **注意：** ① 标准是设备指示灯显示正常且无告警； ② 观察设备时，发现告警不可盲目动设备、触碰按钮、切断告警开关
		（2）电路板指示灯查看	
		（3）设备告警显示及处理	

续表

周期	检修项目	检修方法	标准及要求
月	（2）设备清扫	（1）设备表面清扫	① 用抹布将机架及设备上的灰尘清理干净，用刷子清理干净面板上的灰尘； ② 拆下机柜门防尘网，在室外用吹风机清理干净 **注意**： *① 清扫设备时，不要碰面板上的扳键、开关，注意安全，以防造成人为故障；* *② 标准是设备表面无灰尘，机柜防尘网清洁无尘*
		（2）风扇检查	风扇转速均匀、转动顺滑，无黏滞，无噪声、异常，扇叶齐全、无破损，如有不正常的要进行更换
	（3）设备间连线检查	（1）配线架、配线端子清扫检查	检查配线架和配线端子是否清洁，清扫时应自上而下，用刷子清扫灰尘，不要用力触碰配线端子，机架表面用抹布擦干净
		（2）电缆及配线整理，标签校核	① 查看电缆配线是否整齐，配线模块是否紧固，配线端子是否完好、无虚接； ② 整理缆线时，不要用力拉拽，以免造成2M线或光口告警，影响业务
	（4）数据、台账核对检查	音频电路端口台账检查核对	① 台账与配线架端口核对，二者应保持一致且准确； ② 如有不对应或遗漏，与网管中心联系，在网管中心网管人员指导下进行改正、补全； ③ 注意配线架端口的配线，防止造成虚接
	（5）网管信息检查、处理	对网管告警、性能较差等事件进行检查、分析和处理	① 对网管告警产生时间、原因进行分析处理； ② 对性能较差电路进行排查处理（属网管机房维护项目）
季	（6）网管、维护终端检查	信令链路运用情况查看及处理	查看信令链路运用状态，检查电路及所用端子是否正常（属网管机房维护项目）
	（7）网管数据的备份	配置数据备份	通过网管对配置数据进行备份并存档，必要时作为恢复数据使用（属网管机房维护项目）

续表

周期	检修项目	检修方法	标准及要求
年	（8）测试、调整	（1）电源输入电压测量：使用万用表在电源端子排进行测量	电源输入电压范围为–38.4～－57.6 V
		（2）地线测试、调整：从机房地线母排引出一根测试线，用万用表测量各接地点与测试线间电阻	线间电阻值符合要求
	（9）主备板倒换测试	双备份设备板卡的倒换功能测试	测试前先进行数据备份，数据备份确认无误后方可进行倒换测试（属网管机房维护项目）
	（10）网管终端检查	（1）网管系统事件、磁盘空间检查	① 查看网管系统事件，看有无异常事件发生； ② 对现有磁盘空间进行整理，可将现有数据拷贝、删除
		（2）维护终端防病毒检查	对维护终端进行一次全面病毒检查（属网管机房维护项目）

4.4 设备指示灯状态描述

设备指示灯状态描述如表 4.5 所示。

表 4.5 设备指示灯状态描述

名称	指示灯	颜色	状态描述
CVP 板	PWR	绿色	灯常亮，表示有电源
			灯长灭，表示无电源
	RUN	绿色	灯闪烁（1 Hz），表示单板正在启动中
			灯闪烁（2 Hz），表示系统启动或运行时，单板写 Flash
			灯闪烁（0.5 Hz），表示单板正常运行
			灯长灭，表示无电源或者单板运行失败

续表

名称	指示灯	颜色	状态描述
CVP 板	ALM	红色	灯闪烁（2 Hz），表示存在告警
			灯闪烁（4 Hz），表示存在严重告警
			灯长灭，表示不存在告警
ASI 板	PWR	绿色	灯常亮，表示有电源
			灯长灭，表示无电源
	RUN	绿色	灯闪烁（4 Hz），表示单板正在加载软件
			灯闪烁（2 Hz），表示处于用户摘机状态
			灯闪烁（0.5 Hz），表示单板正常运行时空闲状态
			灯长灭，表示无电源或者单板运行失败
	ALM	红色	灯闪烁（2 Hz），表示存在告警
			灯闪烁（4 Hz），表示存在严重告警
			灯长灭，表示不存在告警
OSU 板	PWR	绿色	灯常亮，表示有电源
			灯长灭，表示无电源
	RUN	绿色	灯闪烁（4 Hz），表示单板正在加载软件
			灯闪烁（2 Hz），表示处于用户摘机状态
			灯闪烁（0.5 Hz），表示单板正常运行时空闲状态
			灯长灭，表示无电源或者单板运行失败
	ALM	红色	灯闪烁（2 Hz），表示存在告警
			灯闪烁（4 Hz），表示存在严重告警
			灯长灭，表示不存在告警

4.5 故障（障碍）处理

4.5.1 故障（障碍）处理流程

见 22.2“通信设备故障（障碍）处理流程图”。

4.5.2 故障（障碍）处理原则

① 故障现象清楚。清晰的故障信息将加快故障定位速度，故障发生时，需要收集故障现象和影响范围、现场信息、组网信息和系统状态情况。

② 处理思路清晰，先简单后复杂。

③ 准确判断故障，迅速处理故障，压缩故障时间。

4.5.3 故障处理思路

（1）故障发生时，需要了解故障现象和故障影响范围。现场信息包括：

① 故障发生的具体时间、地点；

② 故障现象的详细描述；

③ 故障发生前用户/网管维护人员做了什么操作；

④ 故障发生后已采取了什么措施以及产生的相应结果；

⑤ 故障影响的业务及故障影响范围。

（2）组网信息有助于维护人员模拟故障产生环境和定位故障发生部件。组网信息包括：

① 现场设备物理组网图；

② 现场设备名称和版本；

③ 现场设备逻辑互联图；

④ 现场设备互联的网络信息，包括 VLAN、IP、子网、网关、端口等。

（3）故障发生后，可以通过 Web 方式登录 IAD 管理系统获取用于故障定位的主要系统信息（见表 4.6），具体操作如下：

① 登录 Web 管理系统，具体参见《eSpace IAD 产品文档》；

② 在 Web 管理界面左侧导航栏中选择“故障诊断”“故障信息收集”，弹出故障信息收集页面；

③ 单击“下载”按钮，保存系统信息，也可以直接在页面浏览相关信息。

表 4.6 用于故障定位的主要系统信息

信息	说明
版本信息	可以查看主控板和其他业务板的软件版本信息
网口信息	网口配置参数
用户注册状态	仅对 SIP 业务
通配组注册状态	仅对 SIP 业务
注册状态	（仅对 MGCP 业务）MG 的注册状态以及 MGC 服务器信息

续表

信息	说明
VLAN 配置	IAD 产生的各类报文的 Tag 配置
当前配置	用户在当前设备上已进行的配置
历史告警	页面上仅显示最新的 10 条告警信息，若要查看更多告警信息，须查看下载文件

4.5.4 故障（障碍）定位和分析处理

根据设备提供的各种故障定位手段定位故障，然后采取相应措施清除故障（比如检查线路、更换部件、修改配置数据等），这是故障处理常见方法。

故障定位基本步骤为：

① 检查是否为周边设备故障；

② 检查是否为 IAD 硬件故障；

③ 检查是否为网络故障；

④ 检查是否为业务故障。

5　时钟时间同步设备

5.1　维护作业安全要求

时钟时间同步设备维护作业安全要求如表 5.1 所示。

表 5.1　时钟时间同步设备维护作业安全要求

设备描述	时钟同步系统（又称“频率同步网”）用于为铁路数字通信等网络提供基准频率信号。时间同步网用于为铁路通信及其他专业提供基准时间信号	设备写真	
工具仪表	**工具：**网线（长度根据实际需要）、网线测试仪、万用表、螺丝刀、钳子、活扳手、网线钳、RJ45 水晶头、绑扎带、抹布、毛刷、通信工具及常用配件等		
	仪表：万用表等		
安全操作事项	（1）作业前与网管（调度）联系，征得同意后方可进行作业，不得超范围作业		
	（2）查看设备指示灯是否正常		
	（3）对工器具裸露金属部位做绝缘处理		
	（4）作业人员严禁佩戴戒指、手表等金属饰品		
	（5）按照规定双人操作，防止误操作		

续表

安全操作事项	（6）检修作业时，不得将异物坠入设备机架内部
	（7）清扫有开关的单板表面时，不得碰触开关
	（8）登高检修设备时，应先检查梯凳是否防滑、坚固、平稳；作业时，必须把工具和物品放牢，以防坠落伤人
	（9）清扫、插拔单板是必须佩戴防静电手腕
	（10）检查台账与实际运用以及运用标签是否一致
安全卡控	**作业前：** 明确人员分工、作业时间、作业地点和关键事项，针对当日作业特点布置安全注意事项
	作业中： 按计划对维护项目逐项检修，并如实填写检修记录
	作业后： 作业完毕，确认设备使用正常；检查工具仪表，应无遗漏；清理现场

5.2 维护作业流程

时钟时间同步设备维护作业流程如表 5.2 所示。

表 5.2 时钟时间同步设备维护作业流程

作业前准备	作业内容	（1）组织作业准备会，布置任务，明确分工
		（2）检查着装：作业、防护人员按规定着装
		（3）检查工器具：工具、仪表、防护用具齐全，性能良好
		（4）梳理信息：对作业范围内设备运用相关信息进行梳理
		（5）准备材料：根据作业项目及设备运用情况准备材料
	安全风险卡控	（1）卡控作业人员状态、安全措施、防护人员是否落实到位
		（2）途中对车辆、司机的互控措施是否落实到位
		（3）对工具、仪表、器材的卡控措施是否落实到位
联系登记	作业要求	（1）按照设备维修作业等级进行登销记
		（2）作业人员严格执行“三不动”“三不离”“四不放过”及入室登记等安全制度，在网管监控下按程序进行维护作业
		（3）按计划对维护项目逐项检修，并如实填写检修记录

续表

<table>
<tr><td>联系登记</td><td>作业内容</td><td>进入无人值守机房后首先向网管（调度）汇报，汇报内容包括：部门、姓名、作业内容等，并在《入室登记本》内登记</td></tr>
<tr><td rowspan="3">作业项目</td><td colspan="2">（1）时钟同步设备检修</td></tr>
<tr><td colspan="2">（2）时间同步设备检修</td></tr>
<tr><td colspan="2">（3）电气连接，附属设备设施检修</td></tr>
<tr><td rowspan="6">复查试验销记</td><td rowspan="3">作业内容</td><td>（1）作业完毕，联系网管确认所有业务正常</td></tr>
<tr><td>（2）检查工器具，应无遗漏</td></tr>
<tr><td>（3）清理作业现场，在《入室登记本》内登记后方可离开</td></tr>
<tr><td rowspan="3">安全风险卡控</td><td>（1）卡控登记制度、入室汇报制度是否落实到位</td></tr>
<tr><td>（2）卡控作业流程、表本填写、防护制度是否落实到位</td></tr>
<tr><td>（3）卡控销记制度、出室汇报制度、计表数量是否落实到位</td></tr>
<tr><td rowspan="6">作业结束</td><td rowspan="3">作业内容</td><td>（1）作业人员报告作业完成情况</td></tr>
<tr><td>（2）工班长总结当日作业情况，对未克服的设备缺点制定下一步整治措施</td></tr>
<tr><td>（3）在《设备检修记录表》《值班日志》中逐项进行记录</td></tr>
<tr><td rowspan="3">安全风险卡控</td><td>（1）卡控归途中的车辆、司机的互控措施是否落实到位</td></tr>
<tr><td>（2）若发现问题，卡控问题库管理制度是否落实到位</td></tr>
<tr><td>（3）卡控问题追踪、问题克服是否落实到位</td></tr>
</table>

5.3　维护作业标准

5.3.1　时钟时间同步设备巡检作业

表 5.3　时钟时间同步设备巡检作业标准

序号	巡检项目	巡检方法	标准及要求
1	设备运行环境巡检	查看门窗密封情况，观察温湿度计	门窗密封良好，温度为 18～28 ℃，湿度为 30%～75%
2	设备外观状态巡检	（1）巡检机柜、子架、配线端子固定情况	机柜、子架安装牢固，无倾斜；配线端子连接良好，无松动

续表

序号	巡检项目	巡检方法	标准及要求
2	设备外观状态巡检	（2）查看补空板安装情况	补空板齐全，安装稳固
		（3）检查设备机柜门锁扣	设备机柜门锁扣安装良好，开关灵活
		（4）检查设备机架、面板是否清洁	设备机架、面板清洁，无污垢、积尘
3	设备运行状态巡检	（1）机柜声光告警检查	机柜声光告警功能正常
		（2）设备单板运行状态查看	设备单板运行正常，指示灯显示正常
		（3）设备风扇运行情况查看	设备风扇转速均匀、转动顺滑，无黏滞，无噪声，无异常
		（4）设备子架滤网安装情况查看、清扫	设备子架滤网安装良好，清洁，无污垢
4	线缆连接状态巡检	电源连接线、接地引线等各类连接配线检查	① 线缆整齐、合理，无破损； ② 卡接良好，接头无松动； ③ 线缆弯曲半径符合标准
5	设备标识标牌巡检	设备机架、电缆配线、接地引线等标识标牌检查	标识标牌准确无误，无脱落，无缺失
6	网管设备运行状态	（1）查看网管设备运行情况	网管设备运行正常
		（2）用软布、电吹风等清扫网管设备	网管设备清洁，无积尘，无污垢

5.3.2 检修作业

1. 时钟同步设备

时钟同步设备检修作业标准如表 5.4 所示。

表 5.4 时钟同步设备检修作业标准

周期	检修项目	检修方法	标准及要求
月	（1）卫星接收机运行状态检查	网管进行卫星接收机运行状态检查	正常情况下，卫星接收机应同时跟踪不少于 4 颗卫星
	（2）地面输入链路的频偏统计	网管进行地面输入链路的频偏统计	时钟同步设备输入输出接口频偏（用 $\Delta f/f$ 表示）应符合标准

续表

周期	检修项目	检修方法	标准及要求
季	（3）时钟设备（含卫星信号）频率偏差检查	网管进行时钟设备（含卫星信号）频率偏差检查	① 对于只能设置一个频偏门限的设备，一级时钟设备频偏告警门限设置为 1×10^{-11}，二级时钟设备频偏告警门限设置为 1×10^{-9}，三级时钟设备频偏告警门限设置为 1×10^{-8}； ② 频偏门限使用时间间隔误差（TIE）门限值的设置方式。要满足某一频偏要求，不同测试时间对应的TIE门限值不同
	（4）设备检查、清扫	（1）机柜、子架、配线端子固定情况巡检	机柜、子架安装牢固，无倾斜；配线端子连接良好，无松动
		（2）设备机柜门锁扣检查	设备机柜门锁扣安装良好，开关灵活
		（3）用毛刷、吹风鼓风机、电吹风机等工具清扫内外部积尘、浮灰 **注意：用软布擦除设备面板油污时，应避开面板上的按键、开关；当油污不易清除时，可适当采用少量洗洁精辅助擦除**	设备内外清洁，无积尘、浮灰
	（5）卫星接收机天线馈线及周边环境检查	（1）线缆紧固、强度检查	① 检查同轴电缆：同轴电缆不能受重压或过度弯折； ② 检查同轴电缆接头，室外接口密封良好
		（2）检查设备地线是否有破皮现象	设备地线无破皮现象，若有则及时处理
		（3）检查天线是否符合标准	天线向上视野开阔，天线的可视天空部分应大于50%
	（6）定时链路状态检查	网管进行定时链路状态检查	查看定时输入链路 2 048 bps / 2 048 Hz 信号状态是否正常
	（7）系统数据备份并转储	对系统数据进行备份、并转储	① 进入网管数据备份菜单，选择需备份的数据项目，进行数据备份； ② 将数据备份至创建好的文件夹中
年	（8）时钟设备输出口频率偏差测试	网管进行时钟设备输出口频率偏差测试	2 048 bps / 2 048 Hz 同步输出口测试

续表

周期	检修项目	检修方法	标准及要求
年	（9）时钟设备输出接口 MTIE、TDEV 测试	网管进行时钟设备输出接口 MTIE、TDEV 测试	① 输出 PRC 设备时钟输出接口漂移网络限值 MTIE（最大时间间隔误差）； ② 输出 SSU-T/SSU-L（统称 SSU）设备的输出接口漂移网络限值（MTIE）； ③ 输出 PRC 设备输出接口漂移网络限值 TDEV（时间偏差）； ④ 输出 SSU 设备输出接口漂移网络限值（TDEV）； ⑤ 跟踪卫星时的 LPR 设备的漂移指标与 PRC 设备相同，跟踪地面链路时 LPR 设备的漂移指标与 SSU 设备相同
	（10）时钟设备输出接口抖动测试	网管进行时钟设备输出接口抖动测试	2 048 bps / 2 048 Hz 同步接口输出抖动符合要求
	（11）设备地线检查、天馈线防雷装置检查	（1）检查、整理地线连接线，紧固地线连接端螺丝、螺母	地线整齐合理、连接牢固，无脱焊、松动、锈蚀及损伤
		（2）测量接地阻值	接地阻值符合标准
		（3）检查防雷连接、防雷器	检查避雷器，避雷器内导体和外壳应绝缘良好
	（12）配线及标签检查	（1）检查设备机架、电缆配线、接地引线	检查引入线，应配线整齐合理，无破损；接头无松动；线缆弯曲半径符合标准
		（2）检查、补齐接口、线缆标识	核对标签与台账，应与实际使用状态一致，且标签与台账准确无误

2. 时间同步设备

时间同步设备检修作业标准如表 5.5 所示。

表 5.5　时间同步设备检修作业标准

周期	检修项目	检修方法	标准及要求
日	（1）设备状态检查	查看设备外观及各板件工作指示灯、告警灯运行状态	① 检查设备机柜告警指示灯和网管告警信息； ② 当巡视发现设备存在异常告警时，应查明原因及时处理

续表

周期	检修项目	检修方法	标准及要求
日	(2)告警等事件检查分析处理	网管查看设备工作状态、告警信息	① 通过网管检查确认告警信息； ② 对未消除的告警信息进行分析、处理，填写告警处理登记本
月	(3)卫星接收机运行状态检查	网管进行卫星接收机运行状态检查	正常情况下，卫星接收机应同时跟踪不少于4颗卫星
	(4)各级时间同步设备的时间输入信号检查分析	网管对各级时间同步设备的时间输入信号进行检查分析	各级时间节点设备的时间输入口应处于跟踪状态
	(5)各通信系统网管时间一致性检查	按照标准时间对照调整	① 检查接入时间同步网的各网管终端的时间是否一致； ② 若某个网管时间与其他接入时间同步设备的网管时间不一致，应查找原因并处理
季	(6)卫星接收机天线馈线及周边环境检查	（1）线缆紧固、强度检查	① 检查同轴电缆：同轴电缆不能受重压或过度弯折 ② 检查同轴电缆接头：室外接口密封良好
		（2）检查设备地线是否有破皮现象	地线应无破皮现象，若有则及时处理
		（3）检查天线是否符合标准	天线向上视野开阔，天线的可视天空部分应大于50%
	（7）设备检查、清扫	（1）巡检机柜、子架、配线端子固定情况	机柜、子架安装牢固，无倾斜；配线端子连接良好，无松动
		（2）设备机柜门锁扣检查	设备机柜门锁扣安装牢固，开关灵活
		（3）用毛刷、吹风鼓风机、电吹风机等工具清扫内外部积尘、浮灰	设备内外清洁，无积尘、浮尘
		注意：用软布擦除设备面板油污时，应避开面板上的按键、开关；当油污不易清除时，可适当采用少量洗洁精辅助擦除	
	(8)时间同步设备频率输入信号检查	网管进行时间同步设备频率输入信号检查	时间节点设备频率输入口应处于正常的跟踪状态

续表

周期	检修项目	检修方法	标准及要求
季	(9)系统数据备份并转储	对系统数据进行备份并转储	① 进入网管数据备份菜单，选择需备份的数据项目进行数据备份； ② 将数据备份至创建好的文件夹中
年	（10）时间设备输出口时间偏差测试	网管进行时间设备输出口时间偏差测试	① 一级时间同步设备时间输出口的时间偏差； ② 二级时间同步设备时间输出口的时间偏差； ③ 三级时间同步设备时间输出口的时间偏差
	（11）时间同步设备输入口时间偏差检查	网管进行时间同步设备输入口时间偏差检查	在跟踪上级节点设备时，时间偏差应小于200 ms
	（12）设备地线检查、天馈线防雷装置检查	（1）检查、整理地线连接线，紧固地线连接端螺丝、螺母	地线整齐合理、连接牢固，无脱焊、松动、锈蚀及损伤
		（2）测量接地阻值	接地阻值符合标准
		（3）在雷雨季节前检查防雷连接、防雷器	避雷器内应导体和外壳绝缘良好
	（13）配线及标签检查	（1）检查设备机架、电缆配线、接地引线等	① 引入线配线整齐合理，无破损； ② 接头无松动； ③ 线缆弯曲半径符合标准
		（2）检查、补齐接口、线缆标识	核对标签与台账，应与实际使用状态一致，且标签与台账准确无误

5.4 故障（障碍）处理

5.4.1 故障（障碍）处理流程

见22.2“通信设备故障（障碍）处理流程图”。

5.4.2 时钟同步设备常见故障处理

故障现象：网管上报“跟踪不到卫星”或“跟踪卫星数太少”。

原因分析：安装环境问题，天馈系统故障，单板故障。

处理方法：

1）检查天线的安装环境

① 遮挡：天线的接收方向是垂直向上的，应该保证天线向上的视野开阔，天线的可视天空部分应大于 50%。

② 干扰：很多种射频干扰都可能影响卫星信号的接收，常见的干扰源包括微波天线、卫星发射天线、移动基站天线、电厂、广播电视塔等。如果怀疑周围有干扰源，可以试着移动天线，远离干扰源，或利用建筑物遮挡干扰源，逐渐找到可以跟踪卫星的位置。

2）检查同轴电缆

同轴电缆受重压或过度弯折会损坏。检查方法是：

① 把同轴电缆两端都断开，用万用表测量同轴电缆一端的内导体与外导体，应是绝缘的。

② 再将同轴电缆一端的内导体与外导体用一小段铜线短路，测另一端的内导体与外导体，应是导通的，电阻在 10 Ω 以下。

③ 如果确认是电缆有问题，则需要更换。

3）检查接头是否进水

室外接口密封不严可能会导致进水，进而导致金属部件生锈。检查方法如下：

① 将各接头拧开，检查是否有进水。有两个部位容易进水，一个是天线和电缆的接头，另一个是室外同轴电缆和接地夹连接的地方。

② 如果发现有进水，可以用吸水纸将水吸干，晾干。

③ 如果金属有锈蚀，可以用砂纸打磨光。

④ 处理完成后，重新安装，注意接头要连接牢固，并用自粘胶带和防水胶带仔细密封。

4）检查避雷器

如果当地近期雷电较多，可能会损坏避雷器。检查方法为：用万用表检查避雷器的内导体和外壳是否短路，如果短路，说明避雷器已损坏，需要更换。

5）更换天线

如果上述措施不能解决问题，可更换天线试一下。

6）更换单板

如果更换天线仍不能解决问题，可更换单板试一下。

6 数字调度通信系统

6.1 维护作业安全要求

数字调度通信系统维护作业安全要求如表6.1所示。

表6.1 数字调度通信系统维护作业安全要求

<table>
<tr><td>设备描述</td><td>铁路调度通信系统是为调度指挥中心、调度所的调度员与其所管辖区内有关运输生产人员之间业务联系使用的专用电话通信系统</td><td>设备写真</td><td></td></tr>
<tr><td rowspan="2">工具仪表</td><td colspan="3">工具：万用表、螺丝刀、卡线刀、网线钳、RJ45水晶头、绑扎带、抹布、毛刷、通信工具及常用配件等</td></tr>
<tr><td colspan="3">仪表：万用表、误码测试仪等</td></tr>
<tr><td rowspan="6">安全操作事项</td><td colspan="3">（1）作业前与网管（调度）联系，征得同意后方可进行作业，不得超范围作业</td></tr>
<tr><td colspan="3">（2）查看设备指示灯是否正常</td></tr>
<tr><td colspan="3">（3）作业人员严禁佩戴戒指、手表等金属饰品</td></tr>
<tr><td colspan="3">（4）检修作业时，不得将异物坠入设备机架内部</td></tr>
<tr><td colspan="3">（5）更换电路板前，须佩戴防静电手腕，并检查单板型号，保证二者一致；更换电路板时，禁止用手直接触摸单板芯片，防止人体静电损坏单板</td></tr>
<tr><td colspan="3">（6）拔出电路板时，应双手分别抓住上、下扳手处，用力适度，将单板平滑拉出插槽；插入电路板时，应将单板对准槽道缓慢推入，不得用力过猛，防止母板插针弯折</td></tr>
</table>

续表

安全操作事项	（7）更换电源板时，应先将故障电源板开关置于 OFF 位置后方可拔出，然后检查备用电源板，开关置于 OFF 位置后方可插入；更换电源板后将开关置于 ON 位置，并检查电源板工作状态是否正常
	（8）更换数字环板时，数字环车站号（8 位地址拔码号）要保证一致
	（9）清扫有开关或复位键的单板表面时，不得碰触开关，不得随意更改电路板功能开关状态
	（10）整理缆线时，防止扯拉。布放或拆除缆线时，不得交叉，裸露金属部分应做绝缘处理
	（11）检查台账与实际运用以及运用标签是否一致
安全卡控	**作业前：** 与网管联系、沟通，现场确认设备运行正常，各部件外观完好
	作业中： 板件更换，切换试验，数据配置、下发、备份等重要作业需双人操作，作业时须佩戴防静电手腕
	作业后： 设备计表完成后，查看网管设备状态及业务，确认正常后方可离开

6.2 维护作业流程

数字调度通信系统维护作业流程如表 6.2 所示。

表 6.2 数字调度通信系统维护作业流程

作业前准备	作业内容	（1）组织作业准备会，布置任务，明确分工
		（2）检查着装：作业、防护人员按规定着装
		（3）检查工器具：工具、仪表、防护用具齐全，性能良好
		（4）梳理信息：对作业范围内设备运用相关信息进行梳理
		（5）准备材料：根据作业项目及设备运用情况准备材料
	安全风险卡控	（1）卡控作业人员状态、安全措施、防护人员是否落实到位
		（2）途中对车辆、司机的互控措施是否落实到位
		（3）对工具、仪表、器材的卡控措施是否落实到位

续表

联系登记	作业要求	（1）按照设备维修作业等级进行登销记
		（2）作业人员严格执行“三不动”“三不离”“四不放过”及入室登记等安全制度，在网管监控下按程序进行维护作业
		（3）按计划对维护项目逐项检修，并如实填写检修记录
	作业内容	进入无人值守机房后，首先向网管（调度）汇报，汇报内容包括：部门、姓名、作业内容等，并在《入室登记本》内登记
作业项目	（1）调度所调度交换机维修	
	（2）车站调度交换机维修	
	（3）调度台、值班台维修	
复查试验销记	作业内容	（1）作业完毕，联系网管确认所有业务正常
		（2）检查工器具，应无遗漏
		（3）清理作业现场，在《入室登记本》内登记后方可离开
	安全风险卡控	（1）卡控登记制度、入室汇报制度是否落实到位
		（2）卡控作业流程、表本填写、防护制度是否落实到位
		（3）卡控销记制度、出室汇报制度、计表数量是否落实到位
作业结束	作业内容	（1）作业人员报告作业完成情况
		（2）工班长总结当日作业情况，对未克服的设备缺点制定下一步整治措施
		（3）在《设备检修记录表》《值班日志》中逐项进行记录
	安全风险卡控	（1）归途中的车辆、司机的互控措施是否落实到位
		（2）若发现问题，卡控问题库管理制度是否落实到位
		（3）卡控问题追踪、问题克服是否落实到位

6.3　维护作业标准

6.3.1　巡检作业

数字调度通信系统巡检作业标准如表 6.3 所示。

表 6.3 数字调度通信系统巡检作业标准

序号	巡检项目	巡检方法	标准及要求
1	设备运行环境巡检	查看门窗密封情况，观察温湿度计	门窗密封良好，温度为 18～28℃，湿度为 30%～75%
2	设备外观状态巡检	（1）巡检机柜、子架、配线端子固定情况	机柜、子架安装牢固，无倾斜；配线端子连接良好，无松动
		（2）查看补空板安装情况	补空板齐全，安装稳固
		（3）检查设备机柜门锁扣	设备机柜门锁扣安装良好，开关灵活
		（4）检查设备机架、面板是否清洁	设备机架、面板清洁，无污垢、积尘
3	设备运行状态巡检	（1）机柜声光告警检查	机柜声光告警功能正常
		（2）设备单板运行状态查看	设备单板运行正常，指示灯显示正常（指示灯状态描述见 6.4 节）
		（3）设备风扇运行情况查看	设备风扇转速均匀、转动顺滑，无黏滞，无噪声，无异常
		（4）设备子架滤网安装情况查看、清扫	设备子架滤网安装良好，清洁无污垢
4	线缆连接状态巡检	电源连接线、接地引线等各类连接配线检查	① 线缆整齐、合理，无破损； ② 卡接良好，接头无松动； ③ 线缆弯曲半径符合标准
5	设备标识标牌巡检	设备机架、电缆配线、接地引线等标识标牌检查	标识标牌准确无误，无脱落，无缺失
6	确认设备运行状态	与网管联系确认设备运行状态	设备运行正常，无告警

6.3.2 检修作业

1. 调度所调度交换机

调度所调度交换机检修作业标准如表 6.4 所示。

表 6.4　调度所调度交换机检修作业标准

周期	检修项目	检修方法	标准及要求
日	（1）设备巡检：运行指示灯、告警指示灯	查看设备外观及各板件工作指示灯、告警灯运行状态	查看设备机柜及面板指示灯状态，若有告警信息则及时进行处理。（设备面板指示灯含义见 6.4 节）
	（2）网管巡视：告警实时监控、分析、处理	用网管查看设备工作状态、告警信息	① 检查系统工作状态、数字环状态、历史告警信息； ② 及时确认告警信息并处理； ③ 对未消除的告警信息进行检查、分析、处理，填写《告警处理登记本》
月	（3）设备外部清扫及缆线检查	（1）巡检机柜、子架、配线端子固定情况	机柜、子架安装牢固，无倾斜；配线端子连接良好，无松动
		（2）查看补空板安装情况	补空板齐全，安装稳固
		（3）检查设备机柜门锁扣	设备机柜门锁扣安装良好，开关灵活
		（4）检查设备机架、面板是否清洁	设备机架、面板清洁，无污垢、积尘
	（4）网管及设备时间核对调整	按照标准时间对照调整	① 核对网管时间，检查网管的时间设置是否为提取时间的同步系统时间； ② 校对调度台时间
季	（5）设备时钟跟踪状态检查	按照标准时间进行时钟跟踪状态检查	① 查看时钟接入 30B+D 板的状态； ② 检查系统之间互联 30B+D 及数字板状态是否正常； ③ 提取车站调度交换机的系统时间，检查其是否与调度所交换机同步
	（6）防尘滤网、风扇检查、清洁或更换	（1）关掉风扇框电源，将风扇框拆下，用毛刷、电吹风机等工具清扫积尘	检查风扇开关，应在开启状态
		（2）检查风扇运行状态	查看风扇运行状态，应无异响且转动正常
		（3）取出滤网，用毛刷、电吹风机等工具清扫积尘	查看风扇滤网是否有破损，是否有积灰
	（7）数据核对、备份，无效数据清理	对数据进行备份、转储	① 将系统配置数据和台账进行核对，应保持核对结果一致，且配置数据符合规范； ② 进入网管数据备份菜单，选择需备份的数据项目，进行数据备份； ③ 将数据备份至创建好的文件夹中； ④ 清理无效数据及告警信息

续表

周期	检修项目	检修方法	标准及要求
年	（8）电源电压测试	（1）电源线整理，接口紧固	电源线整齐合理，接口状态符合要求
		（2）用万用表测量输入电压	在设备电源输入端，将万用表置于直流电压挡，测量设备电源端子-48 V和GND间的电压，填写测量记录
	（9）电源板（PWR）主备倒换试验	用网管进行电源板（PWR）主备倒换试验	① 按照批准计划，作业前与网管（调度）联系，经同意并现场确认主备电源板状态良好后，方可进行切换； ② 在网管监控下，依次关闭主电源板的开关、±5 V开关，自动切换至备用电源板供电，并与网管确认业务正常； ③ 切换成功后，依次开启主电源板的±5 V开关、LL开关，恢复至主电源板供电，并与网管确认业务正常
	（10）控制板主备用倒换试验	利用网管进行主备控制板倒换试验	① 按照已被批准的计划，作业前与网管（调度工区）联系，经同意并现场确认主控制板、备用控制板状态良好后，方可进行切换； ② 利用网管切换至备用控制板工作，并确认业务正常； ③ 利用网管切换回主控制板工作，并确认业务正常
	（11）数字板主备用倒换试验	利用网管进行主备数字板用倒换试验	① 按照已被批准的计划，确认主数字板、备用数字板均良好后方可进行试验； ② 确认备用数字板承载业务运行正常； ③ 倒回主数字板，确认业务运行正常
	（12）配合数字环的环头、环尾做人工切换试验	利用网管与现场配合进行数字环环头、环尾人工切换试验	① 按照已被批准的计划，确认主通道、备用通道均良好后方可进行试验； ② 现场断开数字环环头电路，确认备用通道承载业务运行正常； ③ 现场恢复电路，倒回主通道，确认业务运行正常
	（13）地线测试、保安单元调整检查（雷雨季前进行）	现场检查结合仪器仪表测试	① 检查电源柜的保安单元，应工作正常； ② 检查地线安装螺丝，应紧固无松动，连接线无破皮； ③ 利用地线测试仪测试地线阻值，可结合春检、秋检工作进行； ④ 对不合格地线进行合格化处理

续表

周期	检修项目	检修方法	标准及要求
年	（14）呼叫优先级、强插、个别呼叫、紧急呼叫、组呼和会议呼叫等主要功能试验	现场测试功能	对值班台各类呼叫功能进行试验
	（15）干线、局间、区段调度电路主备冗余通道试验	利用网管进行干线、局间、区段调度电路主备冗余通道试验	利用调度所交换机进行局间 FAS 互联电路、MSC 互联电路、干线调度电路主备用通道切换试验
	（16）主备调度所交换机切换试验	利用网管进行主备调度所交换机切换试验	① 断开主用 FAS 交换机的 Fa 接口中继板，进行呼叫试验，包括手机呼叫调度台和各值班台，调度台、值班台呼叫手机，调度台、值班台之间的呼叫，以及组呼中继板恢复后，检查是否倒回主系统； ② 同时拔掉主用 FAS 交换机的主控制板、备用控制板，进行呼叫试验，包括手机呼叫调度台和值班台，调度台、值班台呼叫手机，调度台、值班台之间的呼叫，以及组呼； ③ 主用 FAS 控制板全部恢复后，检查是否倒回主系统

2. 车站调度交换机

车站调度交换机检修作业标准如表 6.5 所示。

表 6.5　车站调度交换机检修作业标准

周期	检修项目	检修方法	标准及要求
月	时间核对调整	利用网管进行时间核对调整	与网管时间保持一致
季	（1）设备外部清扫	（1）用毛刷、吹风鼓风机、电吹风机等工具清扫内外部积尘、浮灰	设备内外部无积尘、浮尘
		（2）用软布擦除设备面板油污，擦除时注意避开面板上的按键、开关。当油污不易清除时，可适当采用少量洗洁精辅助擦除	设备外表无浮灰、油污，除规定的设备标签以外无贴粘物和杂物

续表

周期	检修项目	检修方法	标准及要求
季	（2）附属设备及缆线检查	（1）巡检机柜、子架、配线端子固定情况	机柜、子架安装牢固，无倾斜；配线端子连接良好，无松动
		（2）查看补空板安装情况	补空板齐全，安装稳固
		（3）检查设备机柜门锁扣	设备机柜门锁扣安装良好，开关灵活
		（4）检查设备机架、面板是否清洁	设备机架、面板清洁，无污垢、积尘
	（3）防尘滤网、风扇检查、清洁或更换	（1）关掉风扇框电源，将风扇框拆下，用毛刷、电吹风机等工具清扫积尘	检查风扇开关，应在开启状态
		（2）检查风扇运行状态	查看风扇运行状态，应无异响、转动正常
		（3）取出滤网，用毛刷、电吹风机等工具清扫积尘	查看风扇滤网是否有破损，是否积灰，要求滤网无破损，无积尘
	（4）时钟跟踪状态检查	按照标准进行时钟跟踪状态检查	① 查看时钟接入30B+D板状态，检查是否设置为提取外时钟； ② 检查系统之间互联30B+D及数字板状态是否正常； ③ 提取车站调度交换机系统时间，检查其是否与调度所交换机同步
年	（5）电源电压测试	（1）电源线整理，接口紧固	电源线整齐合理，接口状态符合要求
		（2）用万用表测量输入电压	在设备电源输入端，将万用表置于直流电压挡，测量设备电源端子−48 V和GND间的电压，并填写测量记录
	（6）电源板（PWR）主备倒换试验	查询所有板件的状态	① 按照已被批准的计划，作业前与网管（调度）联系，经同意并现场确认主电源板、备用电源板状态良好后，方可进行切换； ② 在网管监控下，依次关闭主电源板的LL开关、±5 V开关，自动切换至备用电源板供电，并与网管确认业务正常； ③ 切换成功后，依次开启主电源板的±5 V开关、LL开关，恢复至主电源板供电，并与网管确认业务正常

续表

周期	检修项目	检修方法	标准及要求
年	（7）控制板主备倒换试验	查询主控板的状态	① 按照已被批准的计划，作业前与网管（调度工区）联系，经同意并现场确认主控制板、备用控制板状态良好后，方可进行切换； ② 利用网管切换至备用控制板工作，并确认业务正常； ③ 利用网管切换回主控制板工作，并确认业务正常
	（8）数字板主备倒换试验	利用网管进行数字板主备倒换试验	① 按照已被批准的计划，确认主数字板、备用数字板均良好后方可进行试验； ② 确认备用数字板承载业务运行正常； ③ 倒回主数字板，确认业务运行正常
	（9）配合数字环的环头、环尾人工切换试验	利用网管与现场配合进行数字环环头、环尾的人工切换试验	① 按照已被批准的计划，确认主通道、备用通道均良好后方可进行试验； ② 现场断开数字环环头电路，确认备用通道承载业务运行正常； ③ 现场恢复电路，倒回主通道，确认业务运行正常
	（10）地线测试、保安单元调整检查（雷雨季前进行）	现场检查结合仪器仪表测试	① 检查电源柜保安单元，应工作正常； ② 检查地线安装螺丝，应紧固无松动，连接线无破皮现象； ③ 利用地线测试仪测量地线阻值，可结合春检、秋检工作进行； ④ 对不合格地线进行合格化处理
	（11）呼叫优先级、强插、个别呼叫、紧急呼叫、组呼和会议呼叫等主要功能试验	现场测试功能	车站值班台试验呼叫功能
	（12）用户接口电气性能测试	现场检查结合仪器仪表测试	符合《铁路通信维护规则》规定标准

3. 调度台、值班台

调度台、值班台检修作业标准如表 6.6 所示。

表 6.6 调度台、值班台检修作业标准

周期	检修项目	检修方法	标准及要求
日或月	（1）用户访问	询问调度员、值班员设备使用情况，对反映的问题进行记录和处理 **频率要求：调度台每日两次，车站值班台每月一次**	符合《铁路通信维护规则》规定标准
	（2）设备巡视	调度台每日巡视两次，车站值班台每月巡视一次	① 检查操作台或触摸屏外观是否完好，按键功能是否良好，触摸屏点触是否灵敏； ② 触摸屏表面清洁，无明显划痕，透明度、透光率好，显示内容完整、清晰可辨，操作响应灵敏，触摸无漂移
月	（3）设备表面清扫、麦克风及连线检查	（1）用吹风鼓风机、电吹风机等工具清扫积尘	设备表面清洁无尘
		（2）麦克风及连线情况检查	① 检查麦克风、手柄使用是否正常； ② 检查 2B+D 连接头是否有松动； ③ 检查触摸屏电源线连接是否牢固
	（4）设备状态、按键灵敏度、时间显示等检查、调整	（1）检查设备状态、按键灵敏度	① 各零部件坚固、完整、无缺，按键动作准确灵活； ② 话筒、音箱、耳机绳等软线表皮无破损，芯线无损伤
		（2）在现场通过显示屏查看时间，发现时间有误时应及时进行手动校对	① 显示屏时钟与 TDCS 时间一致； ② 显示屏良好，无乱码、损坏； ③ 各按键灵敏，弹性良好，无破损
	（5）主备通道（双接口）、主辅通道呼叫、通话、切换试验	在现场进行主备通道（双接口）、主辅通道呼叫、通话、切换试验	① 具有双 2M 接口的触摸屏进行 2M 双通道切换通话试验； ② 用麦克风讲话时，按下设备台面主辅键切换到手柄，提起手柄可进行通话。检查操作台主辅通道切换及通话是否正常
	（6）站间行车电话备用通道（实回线）呼叫通话试验	在现场进行站间行车电话备用通道（实回线）呼叫通话试验	试验站间行车备用通道对应键位，确认呼叫通道试验是否正常

续表

周期	检修项目	检修方法	标准及要求
月	（7）调度业务、区间业务、站间业务、站场业务呼叫通话试验	在现场进行调度业务、区间业务、站间业务、站场业务呼叫通话试验	对设备上相关用户依次进行呼入、呼出通话试验，填写试验记录
	（8）应急分机呼入、呼出通话试验	在现场进行应急分机呼入、呼出通话试验	符合《铁路通信维护规则》规定标准
	（9）标签核对、更新	在现场进行标签核对、更新	① 检查核对调度台、值班台面板按键及附属缆线标签，要求字迹清楚、正确，标签无破损； ② 对调整后的键位标签及时更新

6.4 设备指示灯状态描述

6.4.1 北京中软数调设备

北京中软数调设备指示灯状态描述如表 6.7 所示。

表 6.7 北京中软数调设备指示灯状态描述

单板名称	指示灯		状态描述	故障分析
MPU	RUN	灯有规律地闪烁	表示单板运行正常	
	ET	灯闪烁	ET1 闪烁表示 MPU 板网口 1 工作； ET2 闪烁表示 MPU 板网口 2 工作	MPU 工作正常时只有 1 个灯闪烁
	PA	灯亮	表示该MPU板为A平面	
	PB	灯亮	表示该MPU板为B平面	
	AL	灯亮	表示 MPU 板告警	
DTU	RUN	灯快闪	表示与 MPU 板通信正常	慢闪时，说明与 MPU 板通信故障或该 DTU 板不在数字环上、与数字环通信故障
	AL	灯亮	表示 DTU 板告警	
DTU	M	灯亮	表示此板为主用 DTU	
	S	灯亮	表示此板为备用 DTU	

续表

单板名称	指示灯		状态描述	故障分析
DTU	S0	灯亮	表示 2M1 无码流	① 如果是主系统，表示备环方向主站与末端站通信发生线路故障； ② 如果是分系统，表示主环方向该站与上行站通信发生线路故障 2M2发 2M2收 连接下行站2M 2M1发 2M1收 连接上行站2M
		灯灭	表示 2M1 有码流	① 如果是主系统，表示备环方向主站与末端站通信线路正常； ② 如果是分系统，表示主环方向该站与上行站通信线路正常
	S1	灯亮	表示 2M2 无码流	① 如果是主系统，表示主环方向主站与下行站通信发生线路故障； ② 如果是分系统，表示备环方向该站与下行站通信发生线路故障
		灯灭	表示 2M2 有码流	① 如果是主系统，表示主环方向主站与下行站通信线路正常； ② 如果是分系统，表示备环方向该站与下行站通信线路正常
DDU	RUN	灯快闪	与 MPU 板通信正常	慢闪时，说明与 MPU 板通信故障
	AL	灯亮	表示 DDU 板告警	
	M	灯亮	表示此板为主用 DDU	
	S	灯亮	表示此板为备用 DDU	
	S0	灯亮	表示 2M1 无码流	表示 DDU 板 1 口与触摸屏主机通信线路发生故障 2M2发 2M2收 连接触摸屏调度台 2M1发 2M1收 连接触摸屏调度台
		灯灭	表示 2M1 有码流	表示 DDU 板 1 口与触摸屏主机通信线路正常

续表

单板名称	指示灯		状态描述	故障分析
DDU	S1	灯亮	表示 2M2 无码流	表示 DDU 板 2 口与触摸屏主机发生线路通信故障
		灯灭	表示 2M2 有码流	表示 DDU 板 2 口与触摸屏主机通信线路正常
DSU	DL0～DL1	红灯亮	表示有 2B+D 连接发生故障	哪一个灯亮，表示对应的那一路 2B+D 连接发生故障
	RUN	灯快闪	表示与 MPU 板通信正常	慢闪时说明与 MPU 板通信故障
	AL	灯亮	表示 DSP 板告警	
	M	灯亮	表示此板为主用 DSP	
	S	灯亮	表示此板为备用 DSP	
ALC	AL	灯亮	表示 ALC 板告警	
	RUN	灯快闪	表示与 MPU 板通信正常	慢闪时说明与 MPU 板通信故障
	R0～R7	灯常亮	用户通话中或外线混线	对应用户接口

6.4.2 佳讯飞鸿数调设备

佳讯飞鸿数调设备指示灯状态描述如表 6.8 所示。

表 6.8　佳讯飞鸿数调设备指示灯状态描述

单板名称	指示灯	颜色	状态描述
主控板	主备	绿色	亮：主用
			灭：备用
	运行	绿色	1 s 亮/1 s 灭：正常运行
			亮/灭：工作不正常
	忙闲	绿色	
	告警	红色	灭：正常； 红色：单板故障
	模式	绿色	亮：自由振荡模式
			1 s 亮/1 s 灭：保持模式
			0.25 s 亮/0.25 s 灭：跟踪模式

续表

单板名称	指示灯	颜色	状态描述
数字环板	主备	绿色	亮：主用
			灭：备用
	运行	绿色	1 s 亮/1 s 灭：正常运行
	通信	绿色	常亮：与主控板通信正常
			闪：正在进行数据通信
	告警	红色	灭：正常； 红色：单板故障
	1～2	绿色	亮：正常
			灭：同步丢失告警
U 口板	主备	绿色	亮：主用
			灭：备用
	运行	绿色	1 s 亮/1 s 灭：正常运行
	通信	绿色	常亮：与主控板通信正常
			闪：正在进行数据通信
	告警	红色	灭：正常； 红色：单板故障
	1～2	绿色/红色	常灭：无调度台
			常亮：调度台通信正常
			0.25 s 亮/0.25 s 灭：链路已连接，等待数据通信正常
供电板	主备	绿色	亮：主用
			灭：备用
	运行	绿色	1 s 亮/1 s 灭：正常运行
	通信	绿色	常亮：与主控板通信正常
			闪：正在进行数据通信
	告警	红色	灭：正常； 红色：单板故障

续表

<table>
<tr><th>单板名称</th><th>指示灯</th><th>颜色</th><th>状态描述</th></tr>
<tr><td rowspan="4">供电板</td><td rowspan="4">1～16</td><td rowspan="4">绿色</td><td>常灭：话机挂机</td></tr>
<tr><td>常亮：话机摘机或者通话中</td></tr>
<tr><td>1 s 亮/4 s 灭：正在振铃</td></tr>
<tr><td>0.25 s 亮/0.25 s 灭：本路用户电路有故障</td></tr>
<tr><td rowspan="8">接口板</td><td rowspan="2">主备</td><td rowspan="2">绿色</td><td>亮：主用</td></tr>
<tr><td>灭：备用</td></tr>
<tr><td>运行</td><td>绿色</td><td>1 s 亮/1 s 灭：正常运行</td></tr>
<tr><td rowspan="2">通信</td><td rowspan="2">绿色</td><td>常亮：与主控板通信正常</td></tr>
<tr><td>闪：正在进行数据通信</td></tr>
<tr><td>告警</td><td>红色</td><td>灭：正常；
红色：单板故障</td></tr>
<tr><td>1～8</td><td>绿色</td><td>业务指示灯，亮表示在用，灭表示未用</td></tr>
<tr><td rowspan="6">铃流板</td><td rowspan="2">铃流</td><td rowspan="2">绿色</td><td>亮：铃流输出正常</td></tr>
<tr><td>灭：铃流输出故障</td></tr>
<tr><td rowspan="2">磁铃</td><td rowspan="2">绿色</td><td>亮：磁石铃流输出正常</td></tr>
<tr><td>灭：磁石铃流输出故障</td></tr>
<tr><td rowspan="2">告警</td><td rowspan="2">红色</td><td>亮：本板故障告警</td></tr>
<tr><td>灭：本板正常</td></tr>
</table>

6.5 故障（障碍）处理

6.5.1 故障（障碍）处理流程

见 22.2“通信设备故障（障碍）处理流程图”。

6.5.2 数字调度通信系统故障（障碍）处理

1. 调度所数字调度交换机故障处理基本要求

① 备板要注意防静电，平时要装在厂方提供的防静电袋内。

② 更换插板时，注意更换板件与原板件上的各种跳线器、小开关，二者的位置要完全一致，并将其插牢固、到位。

③ 在更换数字板时，要将站号拨成与原数字板站号一致；在更换主控板时，要注意波码开关的拨法，并且一定要通知网管进行数据的加载。

④ 插装模块时，要注意方向，要认真、细致，防止插错槽或未插入槽内等现象。

⑤ 注意开机、关机顺序：

a）开机：开机前要保证把所有开关置于关闭状态，然后按下面顺序开机：5 V 开关—铃流开关（LL），之后手动执行系统总复位。

b）关机：先关闭铃流开关，再关闭 5 V 开关。

⑥ 在 MDS3400 和 CTT4000 系统中，维护人员在更换触摸屏调度台和键控操作台之后，必须通知网管进行调度台和值班台数据加载。

2. 调度所数字调度交换机常见故障处理

1）2M 故障

一个数字环由两个 2M 电路组成，并形成自愈环，其中任意一条中断都不会影响业务，只有当两条均中断时业务才中断；当 2M 电路中断时，网管会发出声光告警，网管界面上的连接线会显示中断状态，打开告警对话框可显示故障站点及对应数字环板端口，此时可通知网管中心处理 2M 电路。

> **注意：**
> ① 严禁对数调设备打环，因为打环会造成时隙阻塞，影响全环业务。
> ② 当需要打环时，要将数调设备断开。

2）调度台故障

调度台发生故障后，应及时、准确地判断故障部位。首先查看操作台液晶屏是否有电，无电时需检查调度台 2B+D 头的电源线；若有电，则需检查 2B+D 头的信号线。2B+D 对线缆传输要求较高，应避免破皮、触地、混线等现象，出现这些现象会干扰数据传输，引起调度台通信故障。

> **注意：** 如果是远供台发生故障，可先用万用表测量供电电压，应有 140 V 左右的直流电压；若无，则需检查供电模块。

3）模拟用户故障

根据经验，多数模拟用户故障都由线路故障引起，少数是模块本身损坏及网管数据错误所致，因此排除此类故障的重点在于检查模拟线路。

3. 车站数字调度交换机故障处理基本要求

① 接到数字调度分系统及附属设备故障申报或通知后，设备维护工区应使用礼貌用语受理，取得用户联系方式，携带工具、备件、材料迅速出动。

② 到达故障处所后，如实向上级网管（调度）报告现场情况，在故障处理过程中不得因个人原因引发其他故障，故障处理完毕应保持环境整洁，经网管确认、用户试验良好方可离开。

③ 在相关本册中记录处理过程，必要时召集人员进行专题分析。

4. 车站数字调度交换机常见故障处理

故障 1　操作台在呼叫用户时，刚讲几个字就断了，操作台重新初始化后再次启动。

可能原因：

① 操作台距离分系统超出传输距离；

② 传输距离未超出 200 m，但电缆线径不足 0.5 mm；

③ 电缆转接好几处，而且转接的时候电缆线径不一致（有小于 0.5 mm 线径电缆介入其中）。

处理方法：

① 接一对或两对缆线至原有操作台电源线（注意正负极性）；

② 加远供模块。

故障 2　操作台一直显示“正在初始化 U 接口，请等待……”或“调度台通信故障，请检查……”。

原因及处理方法：

① 操作台自身故障：更换操作台。注意：MDS3400、CTT4000 的操作台更换后需要联系网管重新加载数据。

② 分系统主控板故障：更换主控板。

③ 2B+D 接口故障：须复位该单板后若该故障仍存在，则视情况更换单板。

④ 检查信号线是否有破皮、混线、断线或卡接不良等情况：需要认真检查，视具体情况做相应处理（注意：二线远供不用查）。

⑤ 改变供电方式。

故障 3　操作台显示屏幕亮度不够或本机通话收信声音小。

处理方法：CTT4000 操作台由键盘输入密码：#200011（此密码不要告知值班员等使用人员，以免带来不必要的麻烦），进入菜单，调节亮度或调节音量，一般范围为 18%～42%，平时调为 24%即可。

故障 4　某操作台状态显示一直正常，但是呼入呼出的用户均无法通话。

原因及处理方法：

① 在分系统中找到该操作台对应的 2B+D 接口板，复位该单板即可排除故障；

② 若复位 2B+D 后接口板仍未恢复，可联系网管查看数据。

故障 5　操作台出现杂音、蓝屏等现象时。

处理方法：重启操作台。

故障 6　分系统中用户供电板某一路占用灯长亮。

原因及处理办法：

① 用户长摘机：通知该用户挂机。

② 用户缆线破皮、接地或混线：检查线路并处理。

③ 话机坏：更换话机。

④ 供电板某路故障：更换供电板。

7 视频会议设备

7.1 维护作业安全要求

视频会议设备维护作业安全要求如表 7.1 所示。

表 7.1 视频会议设备维护作业安全要求

<table>
<tr><td>设备描述</td><td>视频会议系统又称会议电视系统，指两个或两个以上不同地方的个人或群体，通过传输线路及多媒体设备，将声音、影像及文件资料互传，实现即时且互动的沟通，以实现远程会议的系统设备</td><td>设备写真</td><td></td></tr>
<tr><td rowspan="2">工具仪表</td><td colspan="3">工具：工具包（一字螺丝刀、十字螺丝刀、烙铁、焊锡、尖嘴钳、偏口钳）、卡刀、压钳、毛刷等</td></tr>
<tr><td colspan="3">仪表：网线测试仪、数字万用表等</td></tr>
<tr><td rowspan="8">安全操作事项</td><td colspan="3">（1）作业前与会议网管联系，征得同意后方可进行作业，不得超范围作业</td></tr>
<tr><td colspan="3">（2）作业人员严禁佩戴戒指、手表等金属饰品</td></tr>
<tr><td colspan="3">（3）清理灰尘使用的抹布不能过湿，避免水渗入机器内部造成短路而损毁设备</td></tr>
<tr><td colspan="3">（4）整理缆线时，防止扯拉，对各线缆接口进行检查及紧固，严禁乱动线缆接口位置</td></tr>
<tr><td colspan="3">（5）遥控器试验及电池检查，做完检查和试验后按规定摆放</td></tr>
<tr><td colspan="3">（6）发现设备表面温度过高或出现其他异常时，须查明原因</td></tr>
<tr><td colspan="3">（7）网管操作人员不得随意更改系统配置数据，维护及值机人员不得随意更改终端设置参数</td></tr>
<tr><td colspan="3">（8）清扫摄像头积尘时，不能用抹布擦拭镜头上的镜片，因为这样会损坏镜片镀膜，应该用专业镜头纸或镜头布擦拭</td></tr>
</table>

续表

安全操作事项	（9）电视支架、上墙设备等要定期做紧固检查，防止设备松动或掉落地面
	（10）开机步骤：先开电视机，再开摄像头、视频终端电源。关机步骤：先关摄像头、视频终端电源，再关电视机电源。 **注意：**不能直接用打开/关闭电插排开关方式开关设备，否则，摄像头、视频终端容易出现异常或被损坏
	（11）会议组网图、设备接口连线图定期与现场实际核对，避免图与实物不符，影响会议故障处理
安全卡控	**作业前：** 与网管联系、沟通，现场确认设备运行正常，各部件外观完好
	作业中： ① 视频会议 MCU/CMS 或终端设备检修方法不当，造成影响会议业务的安全风险因素和故障隐患； ② 发现异常未按流程及时上报，影响设备正常使用，造成故障和延时
	作业后： 设备计表完成后，核查会议设备状态，做业务试验，正常后方可离开

7.2　修护作业流程

视频会议设备修护作业流程如表 7.2 所示。

表 7.2　视频会议设备修护作业流程

作业前准备	作业内容	（1）组织作业准备会，布置任务，明确分工
		（2）检查着装：作业、防护人员按规定着装
		（3）检查工器具：工具、仪表、防护用具齐全，性能良好
		（4）梳理信息：对作业范围内设备运用相关信息进行梳理
		（5）准备材料：根据作业项目及设备运用情况准备材料
	安全风险卡控	（1）卡控作业人员状态、安全措施、防护人员是否落实到位
		（2）途中对车辆、司机的互控措施是否落实到位
		（3）对工具、仪表、器材的卡控措施是否落实到位
联系登记	（1）作业人员严格执行“三不动”“三不离”“四不放过”等安全制度，在网管监控下按程序进行维护作业	
	（2）按计划对维护项目逐项检修，并如实填写检修记录	

续表

作业项目	（1）设备清扫	
	（2）整机检修	
	（3）终端检修	
	（4）功能试验	
	（5）状态确认	
复查试验销记	作业内容	（1）作业完毕，联系网管确认所有业务均已正常
		（2）检查工器具，应无遗漏
		（3）清理作业现场后方可离开
	安全风险卡控	（1）卡控登记、汇报制度是否落实到位
		（2）卡控作业流程、表本填写、防护制度是否落实到位
		（3）卡控销记、汇报制度、计表数量是否落实到位
作业结束	作业内容	（1）作业人员报告作业完成情况
		（2）工班长总结当日作业情况，对未克服的设备缺点制定下一步整治措施
		（3）在《设备检修记录表》《值班日志》中逐项进行记录
	安全风险卡控	（1）归途中车辆、司机的互控措施是否落实到位
		（2）若发现问题，卡控问题库管理制度是否落实到位
		（3）卡控问题追踪、问题克服是否落实到位

7.3 维护作业标准

7.3.1 巡检作业

视频会议设备巡检作业标准如表 7.3 所示。

表 7.3 视频会议设备巡检作业标准

序号	巡检项目	巡检方法	标准及要求
1	设备运行环境巡检	查看会议室灯光及温湿度条件	会议室灯光明亮均匀，光源色温要单一，照度符合要求，温度为 18～28 ℃，湿度为 30%～80%

续表

序号	巡检项目	巡检方法	标准及要求
2	设备外观状态巡检	（1）检查设备机柜、支架外观	机柜、支架安装牢固，无倾斜；配线连接良好，无松动
		（2）检查设备机柜门锁扣	设备机柜门锁扣安装良好，开关灵活
		（3）检查设备机架、面板是否清洁	机柜、支架、设备清洁，无污垢、积尘
3	设备运行状态巡检	（1）电话会议设备检查	设备运行正常
		（2）视频会议设备检查	
		（3）会议附属设备检查	
4	线缆连接状态巡检	电话线、网线、电源连接线等各类连接配线检查	① 线缆整齐合理、无破损； ② 接头无虚接、无松动； ③ 线缆弯曲半径符合标准
5	与网管确认设备运行状态	与网管联系，确认设备运行状态	设备运行正常，网络性能良好，音视频效果优良

7.3.2 检修作业

视频会议设备检修作业标准如表 7.4 所示。

表 7.4 视频会议设备检修作业标准

周期	检修项目	检修方法	标准及要求
月	（1）清扫	音视频会议系统、终端及附属设备清扫	机房设备、会场设备干净，无灰尘、污渍
	（2）整机检修	（1）外观及配线检查	① 设备安装牢固，不晃动； ② 各部位螺丝无松动； ③ 配线牢固、合理、整齐美观； ④ 网线、电话线压接牢固，无虚接； ⑤ 光跳线连接牢固，无死弯，无挤压，不受力； ⑥ 电源线、地线连接良好，不发热； ⑦ 风扇转动灵活，无明显卡、刮的噪声； ⑧ 设备标签、铭牌齐全、完好、正确
		（2）指示灯检查	设备指示灯显示正常，无告警

续表

<table>
<tr><th>周期</th><th>检修项目</th><th>检修方法</th><th>标准及要求</th></tr>
<tr><td rowspan="8">月</td><td rowspan="2">（3）终端检修</td><td>（1）终端外部检修</td><td>① 终端运行正常，无异状，无告警；
② 遥控、平板等使用正常；
③ 电源线、插座、接地线绝缘良好，连接牢固</td></tr>
<tr><td>（2）终端内部检修</td><td>终端数据核对无误，程序运行正常</td></tr>
<tr><td rowspan="3">（4）功能试验</td><td>（1）电话会议总机</td><td>① 能正常与音频会议服务器建立连接，并能正常登录；
② 能正常建立音频会议和结束会议；
③ 能正常呼叫与会音频用户，全呼和单呼功能良好；
④ 音频会议通话语音清晰，无串音、杂音，无失真、断续现象；
⑤ 音量调节、静音/混音、加锁、录音、放音、会议界面锁定等功能试验良好；
⑥ 音频电话簿管理试验正常</td></tr>
<tr><td>（2）电话会议分机</td><td>① 呼入、呼出正常，振铃正常，语音清晰，无串音、杂音，无失真、断续现象；
② 音量调节、静音/混音等功能试验良好</td></tr>
<tr><td>（3）视频会议 MCU/CMS</td><td>① 配置数据核对检查，应正确无误；
② 系统功能试验，要求呼叫、通话、图像正常；
③ 通道检查，应无丢包现象</td></tr>
<tr><td rowspan="2">（4）功能试验</td><td>（4）视频会议终端</td><td>① 配置数据核对检查，应正确无误；
② 能正常建立呼叫；
③ 摄像头调节、画面切换、麦克风开闭、遥控器操控等系统功能良好；
④ 图像无拖尾、方块效应现象；
⑤ 声音清晰，无回声及自激现象</td></tr>
<tr><td>（5）会议附属设备</td><td>显示器、时序电源、调音台、音响功放等设备功能良好</td></tr>
<tr><td colspan="3"></td></tr>
<tr><td rowspan="2">季</td><td>（5）数据配置检查</td><td>检查各终端会议设备上的会议名称、入会方式等数据设置</td><td>数据配置正确无误</td></tr>
<tr><td>（6）视频源切换功能试验</td><td>终端及显示设备视频源切换功能试验</td><td>切换正常</td></tr>
</table>

续表

周期	检修项目	检修方法	标准及要求
季	（7）双流功能试验	在正常进行会议试机时段，在各终端间进行电子白板、文件传输、影音文件播放、PPT 功能试验 **注意**：使用频次超过每季 1 次的会议室，此项可结合会前检查、试验一并完成	双流正常发送，功能正常
	（8）会议控制功能试验	（1）由主会场或网管中心视频网管人员进行试验； （2）试验主席控制功能：点名发言，终端列表，挂断、增加、删除会场，轮询会场，观察会场，结束会议	各项会议控制功能正常（属网管中心维护项目）
年	（9）会议参数配置检查、时间校对、系统日志检查和备份、版本核对	通过网管登录会议系统后台，对 MCU/CMS 后台数据进行检查、备份	每半年进行一次数据备份工作（属网管中心维护项目）
	（10）主备用设备、通道切换测试	（1）断开主用通道，设备应能自动切换至备用通道	测试前先进行数据备份，数据备份确认无误后方可进行切换测试（属网管中心维护项目）
		（2）模拟主用 MCU/CMS 故障后，系统能否立即将会议切换到备份 MCU/CMS 上	
	（11）网管终端检查	网管系统事件、磁盘空间检查和维护终端防病毒检查	① 查看网管系统事件，看有无异常事件发生； ② 对现有磁盘空间进行整理，可将现有数据拷贝、删除； ③ 对维护终端进行一次全面病毒检查（属网管机房维护项目）

7.4 故障（障碍）处理

7.4.1 故障（障碍）处理流程

见 22.2“通信设备故障（障碍）处理流程图”。

7.4.2 故障（障碍）处理原则

① 立即联系会议网管，接入应急音频会议分机开会。

② 检查终端设备和网络状态，判断是硬件故障还是网络故障，并进行测试、处理。

③ 联系会议网管重新入会。

7.4.3 故障（障碍）处理思路

先从视频会议终端本身编码/解码器连线开始排查，依次检查摄像机、麦克风和电视机连线；再联系网管检查网络通道和终端配置；最后对 MCU/CMS 网管配置进行检查。

7.4.4 故障（障碍）定位和分析处理

1. 终端无法入会故障

故障现象：终端无法呼叫入会，MCU/CMS 连接终端无法入会故障。

原因分析：先从终端本身连线开始排查，再依次对终端配置进行检查，最后对 MCU/CMS 网管配置进行检查。

处理方法：

① 检查终端的网线是否连接良好；

② 检查是否能 ping 通终端 IP 地址，检查网络状况；

③ 确认终端设备运行状态。

2. 视频故障处理

故障现象：终端开机后无法看到本地摄像机图像。

原因分析：先从终端本身连线开始排查，再依次检查摄像机、电视机连线，最后检查终端配置。

处理方法：

① 检查终端、电视机等设备电源；

② 检查终端与摄像头、电视机之间的连线；

③ 检查是否选择正确的视频源。

8 应急通信设备

8.1 应急通信设备维护作业安全要求

应急通信设备维护作业安全要求如表 8.1 所示。

表 8.1 应急通信设备维护作业安全要求

设备描述	铁路应急通信是当发生自然灾害或突发事件等紧急情况时，为确保铁路运输实时救援指挥的需要，在突发事件救援现场内部、在现场与应急救援指挥中心之间以及在各相关救援中心之间建立的语音、图像和数据的通信。应急通信设备包括应急中心通信设备和应急现场通信设备。应急通信设备的维护工作应确保设备运行可靠、应急通信系统畅通	设备写真	
工具仪表	**工具：**光电缆抢修工器具、交通工具、帐篷、折叠桌椅、照明器材等		
	仪表：数字万用表、线缆测试仪（光电缆测试仪、误码测试仪）等		
安全操作事项	（1）作业前与值班员联系，征得同意后方可进行作业，不得超范围作业		
	（2）查看设备状态指示灯是否正常		
	（3）对各种工器具裸露金属部位做绝缘处理		
	（4）按照规定双人操作，防止误操作		

续表

安全操作事项	（5）整理缆线时，防止扯拉；布放或拆除缆线时，不得交叉，裸露金属部分应做绝缘处理
	（6）进行登高作业时，须办理登高手续，经批准后方可作业
	（7）检查台账与实际运用以及运用标签是否一致
安全卡控	**作业前：** 检查确认作业工具、仪表，应状态良好、齐全
	作业中： 检修过程中应做到细致、精确，发现的问题要及时进行处理
	作业后： 设备检修完成后，须进行测试确认设备状态及业务正常后方可离开

8.2 维护作业流程

应急通信设备维护作业流程如表 8.2 所示。

表 8.2 应急通信设备维护作业流程

作业前准备	作业内容	（1）组织作业准备会，布置任务，明确分工
		（2）检查着装：作业、防护人员按规定着装
		（3）检查工器具：工具、仪表、防护用具齐全，性能良好
		（4）梳理信息：对作业范围内设备运用相关信息进行梳理
		（5）准备材料：根据作业项目及设备运用情况准备材料
	安全风险卡控	（1）卡控作业人员状态、安全措施、防护人员是否落实到位
		（2）途中对车辆、司机的互控措施是否落实到位
		（3）对工具、仪表、器材的卡控措施是否落实到位
联系登记	作业要求	（1）按照设备维修作业等级进行登销记
		（2）作业人员严格执行“三不动”“三不离”“四不放过”及入室登记等安全制度，在网管监控下按程序进行维护作业
		（3）按计划对维护项目逐项检修，并如实填写检修记录
	作业内容	进入无人值守机房后，首先向网管（调度）汇报，汇报内容包括：部门、姓名、作业内容等，并在《入室登记本》内登记

续表

作业项目	（1）网络设备检修	
	（2）电源设备检修	
	（3）光缆、应急电话线、通话柱检修	
	（4）视频、音频设备检修	
	（5）网络功能试验	
复查试验销记	作业内容	（1）作业完毕，联系网管确认所有业务正常
		（2）检查工器具，应无遗漏
		（3）清理作业现场，在《入室登记本》内登记后方可离开
	安全风险卡控	（1）卡控登记制度、入室汇报制度是否落实到位
		（2）卡控作业流程、表本填写、防护制度是否落实到位
		（3）卡控销记制度、出室汇报制度、计表数量是否落实到位
作业结束	作业内容	（1）作业人员报告作业完成情况
		（2）工班长总结当日作业情况，对未克服的设备缺点制定下一步整治措施
		（3）在《设备检修记录表》《值班日志》中逐项进行记录
	安全风险卡控	（1）归途中的车辆、司机的互控措施是否落实到位
		（2）若发现问题，卡控问题库管理制度是否落实到位
		（3）卡控问题追踪、问题克服是否落实到位

8.3 维护作业标准

8.3.1 应急通信中心设备检修作业

应急通信中心设备检修作业标准如表 8.3 所示。

表 8.3 应急通信中心设备检修作业标准

周期	检修项目	检修方法	标准及要求
月	（1）设备（含网络设备及附属设备）外部检查	（1）查看设备外观	设备外观完好
		（2）查看各板件工作指示灯、告警灯的运行状态	工作指示灯显示正常，若发现异常应及时处理

续表

周期	检修项目	检修方法	标准及要求
月	（2）连接缆线、连接件检查	（1）连接缆线整理，连接件检查、紧固	缆线、连接件连接良好
		（2）标识检查	标识准确无误，无脱落、缺失
	（3）设备风扇和防尘滤网清洁	（1）关掉风扇框电源，将风扇框拆下，用毛刷、电吹风机等工具清扫积尘	① 风扇转速均匀，转动顺滑，无黏滞，无噪声，无异常 ② 各风扇应该扇叶齐全，无破损，如有异常要进行更换
		（2）取出滤网，用毛刷、电吹风机等工具清扫积尘	滤网清洁、无积尘
	（4）系统数据检查及数据备份、转储	对系统数据进行检查、备份并转储	利用专用存储工具进行备份、转储
	（5）各种终端设备清扫、检查、数据核对及功能试验	（1）清扫、检查终端设备	设备外观清洁，无浮灰
		（2）数据核对及功能试验	① 设备数据配置正确； ② 功能试验正常
年	（6）主备冗余通道切换试验	进行主备冗余通道切换试验	试验过程中承载业务使用正常
	（7）应急中心通信设备功能试验	联机进行图像（静图、动图）传输试验	图像（静图、动图）传输符合质量标准规定
	（8）各种终端、附属设备检修、调整	（1）终端、附属设备检修	① 设备外观良好，无破损、变形； ② 连接线无破损、老化、龟裂，无污垢；接头紧固，接触良好，不松动，连接正确 ③ 设备功能正常
		（2）不良设备、部件整修更换	
	（9）地线测试检查调整（在雷雨季节前进行）	（1）检查整理地线连接线，紧固地线连接端螺丝、螺母	地线整齐合理，连接牢固，无脱焊、松动、锈蚀及损伤
		（2）测量接地阻值	接地阻值符合标准：采用综合接地系统时，接地电阻≤1 Ω；不具备综合接地系统的机房时，接地电阻≤4 Ω

8.3.2　应急通信现场设备检修作业

应急通信现场设备检修作业标准如表 8.4 所示。

表 8.4　应急通信现场设备检修作业标准

周期	检修项目	检修方法	标准及要求
月	（1）设备检查、清扫	设备连接线、插件的检查与清洁	① 设备外观完好、无破损，镜面清洁； ② 外表无浮灰、油污，除规定的设备标签以外无其他粘贴物和杂物
	（2）抢险光电缆检查、测试，数量核对	抢险光电缆检查、测试，数量核对	抢险光电缆良好，备用数量与台账一致
	（3）应急抢险电源检查试验	（1）电池电量检查、充电	电池电量检查，要求充电功能正常
		（2）发电机功能试验	发电机启动良好，电气性能符合要求，电压表、电流表、指示灯显示正常
		（3）电源线盘检查	电源线盘指示灯显示正常，线缆无老化、破损
	（4）联机进行语音呼叫通话试验	进行呼叫通话试验	呼叫、通话功能正常
	（5）联机进行图像（静图、动图）传输试验	联机进行图像（静图、动图）传输试验	指标符合设备性能质量标准
季	（6）移动影音采集设备非视距传输试验	进行移动影音采集设备非视距传输试验	指标符合设备性能质量标准
	（7）移动影音采集设备连续工作时间试验	进行移动影音采集设备连续工作时间试验	指标符合设备性能质量标准

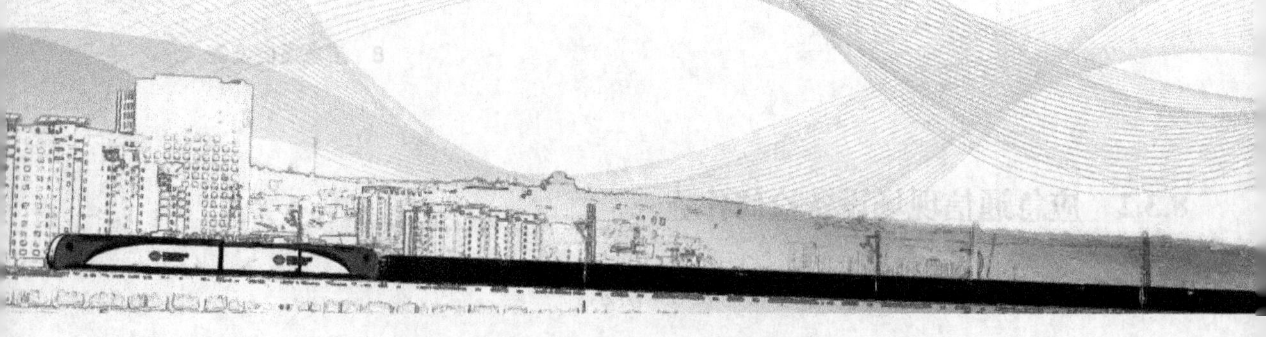

9　动环监控系统设备

9.1　维护作业安全要求

动环监控系统设备维护作业安全要求如表 9.1 所示。

表 9.1　动环监控系统设备维护作业安全要求

<table>
<tr><td>设备描述</td><td>动环监控系统是通过技术手段实现对机房动力、环境不间断集中监控，实现及时掌握通信机房电源、空调等设备运行状态，并对机房工作环境参数实现遥测、遥信、遥控、遥调等功能</td><td>设备写真</td><td>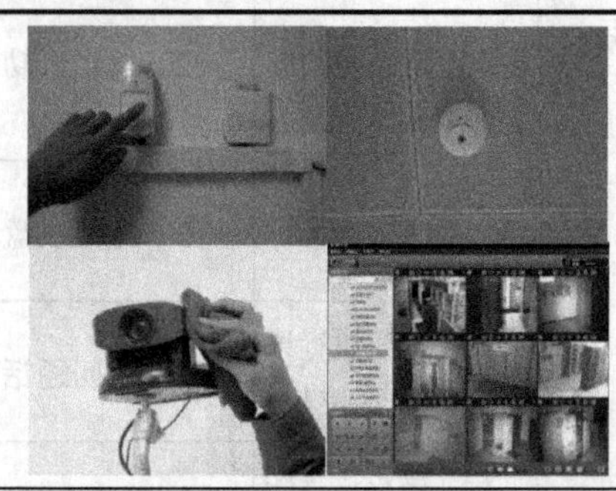</td></tr>
<tr><td rowspan="2">工具仪表</td><td colspan="3">工具：通信常用工具、电烙铁、镊子、可调扳手、绝缘胶布、剥线钳、扎带、吹风机、吸尘器等</td></tr>
<tr><td colspan="3">仪表：网线测试仪、数字万用表等</td></tr>
<tr><td rowspan="5">安全操作事项</td><td colspan="3">（1）作业前与网管（调度）联系，征得同意后方可进行作业，不得超范围作业</td></tr>
<tr><td colspan="3">（2）清理灰尘使用的抹布不能过湿，避免水渗入机器内部造成短路而损毁设备</td></tr>
<tr><td colspan="3">（3）摄像头维护登高作业时，需有人防护并扶稳步梯；清扫摄像头积尘时，不能用抹布擦拭镜头镜片，这样会损坏镜片镀膜，应该用专业镜头纸或镜头布擦拭</td></tr>
<tr><td colspan="3">（4）检查监测高频开关电源系统的模块单元时，注意母排正极性与负极的位置，不能造成短路故障</td></tr>
<tr><td colspan="3">（5）机房温度过高或过低都会影响设备的使用寿命。机房空气湿度过低，则人在机房内走动容易产生静电；机房空气湿度过高，容易腐蚀电路板；若不经放电即接触设备，容易烧坏电路板机房温度、湿度应符合以下要求：
一类机房：温度 18～28℃，相对湿度 30%～75%（温度≤28℃，不得凝露）；</td></tr>
</table>

续表

安全操作事项	二类机房：温度18～28℃，相对湿度30%～75%（温度≤28℃，不得凝露）； 三类机房：温度5～30℃，相对湿度15%～85%（温度≤30℃，不得凝露）。 通信机房按机房内设备在通信网中的地位分为以下三类： 一类机房：通信枢纽设备机房，网管中心等机房，以及调度所调度交换机、网络核心节点、数据网骨干网络及区域网络核心节点等设备所在机房； 二类机房：传输网骨干层节点、数据网汇聚节点等设备所在机房，以及正线车站通信机房； 三类机房：除一、二类以外的其他机房
	（6）如果用香烟试验烟雾传感器，严禁在机房内点燃香烟，应先在机房外燃烟，然后口含烟雾进入机房试验，点燃的香烟不得带入机房
	（7）试验烟雾传感器时，需有人防护并扶稳步梯，防止高处坠落
	（8）试验水浸告警后，要及时风干水浸传感器
安全卡控	**作业前：** 与网管联系、沟通，现场确认设备运行正常，各部件外观完好
	作业中： 避免因检修不当而造成线头插接不良、脱落、松动及传感器失效等
	作业后： 与网管联系，确认各类数据采集及视频监控设备工作正常

9.2 维护作业流程

动环监控系统设备维护作业流程如表9.2所示。

表9.2 动环监控系统设备维护作业流程

作业前准备	作业内容	（1）组织作业准备会，布置任务，明确分工
		（2）检查着装：作业、防护人员按规定着装
		（3）检查工器具：工具、仪表、防护用具齐全，性能良好
		（4）梳理信息：对作业范围内设备运用相关信息进行梳理
		（5）准备材料：根据作业项目及设备运用情况准备材料
	安全风险卡控	（1）卡控作业人员状态、安全措施、防护人员是否落实到位
		（2）途中对车辆、司机的互控措施是否落实到位
		（3）对工具、仪表、器材的卡控措施是否落实到位

续表

联系登记	作业要求	（1）按照设备维修作业等级进行登销记
		（2）作业人员严格执行“三不动”“三不离”“四不放过”等安全制度，在网管监控下按程序进行维护作业
		（3）按计划对维护项目逐项检修，并如实填写检修记录
	作业内容	进入无人值守机房后，首先向网管（调度）汇报，汇报内容包括：部门、姓名、作业内容等，并在《入室登记本》内登记
作业项目	（1）设备外部检查	
	（2）系统性能检查	
	（3）卫生清扫	
	（4）告警和异常处理	
复查试验销记	作业内容	（1）作业完毕，联系网管确认所有业务正常
		（2）检查工器具，应无遗漏
		（3）清理作业现场后方可离开
	安全风险卡控	（1）卡控登记、汇报制度是否落实到位
		（2）卡控作业流程、表本填写、防护制度是否落实到位
		（3）卡控销记、汇报制度、计表数量是否落实到位
作业结束	作业内容	（1）作业人员报告作业完成情况
		（2）工班长总结当日作业情况，对未克服的设备缺点制定下一步整治措施
		（3）在《设备检修记录表》《值班日志》中逐项进行记录
	安全风险卡控	（1）归途中车辆、司机的互控措施是否落实到位
		（2）如发现问题，卡控问题库管理制度是否落实到位
		（3）卡控问题追踪、问题克服是否落实到位

9.3 维护作业标准

9.3.1 巡检作业

动环监控系统设备巡检作业标准如表 9.3 所示。

表 9.3 动环监控系统设备巡检作业标准

序号	巡检项目	巡检方法	标准及要求
1	告警信息核对及处理	联系网管中心，配合查看、核对监控数据，并视告警紧急程度进行处理	机房无环境监测告警
2	设备状态检查	对采集器、各类传感器以及监控模块进行巡视、检查	外观良好、安装牢固、功能正常
3	摄像头检查	联系网管中心，检查机房摄像头	① 画面清晰，角度正确； ② 如果是固定式摄像头，在网管的指导下调整拍摄角度
4	机房温湿度检查	查看机房温湿度计，并联系网管中心进行核对	机房温湿度符合以下标准： 一类机房：温度 18～28 ℃，相对湿度 30%～75%（温度≤28 ℃，不得凝露）； 二类机房：温度 18～28 ℃，相对湿度 30%～75%（温度≤28 ℃，不得凝露）； 三类机房：温度 5～30 ℃，相对湿度 15%～85%（温度≤30 ℃，不得凝露）
5	设备清扫检查	（1）清洁环控系统主机和附属设备	干净，无灰尘
		（2）清洁摄像头	镜头清洁，壳体无积尘
6	与网管确认设备运行状态	与网管联系，确认设备运行状态	设备运行正常，无告警

9.3.2 检修作业

动环监控系统设备检修作业标准如表 9.4 所示。

表 9.4 动环监控系统设备检修作业标准

周期	检修项目	检修方法	标准及要求
月	（1）主机设备、附属设备及缆线、标签检查	（1）检查环控系统主机和附属设备的连接线、端口	连接线紧固，无虚接；端口正确，无异常
		（2）检查端口及配线标签	端口与标签核对，二者信息一致

续表

周期	检修项目	检修方法	标准及要求
月	（2）设备清扫、检查	（1）用抹布将环控系统主机和附属设备的灰尘清理干净，用刷子清理干净缝隙中的灰尘	设备内外部无积尘、浮尘
		（2）用抹布清理摄像头壳体灰尘，检查摄像头镜片是否有积尘，如有则用镜头布擦拭干净	外表无浮灰、油污，除规定的设备标签外无其他粘贴物和杂物
	（3）设备状态检查	检查、核对动环监控系统的性能指标	系统各项性能指标均在正常范围内，无告警
	（4）采集器、传感器功能检查	（1）温湿度传感器：用温湿度计测量机房温湿度；联系网管，与网管的测量值做比较，检测动环网管测量值与实际测量值是否吻合；开启电吹风机，在距离温湿度传感器 30 cm 处吹热风进行试验，查看温度监测值是否上升	① 采集器及各类传感器数据采集正常； ② 告警功能正常
		（2）烟雾传感器：利用烟雾发生器在距离烟雾传感器下方 20 cm 处进行试验，触发烟感探测器，记录触发时间；联系网管，与网管上报告警的时间进行对比，计算告警响应时间，并做好记录	
		（3）门磁、红外试验：测试前联系网管，核对时间，机房开门后记录时间；出现红外告警后记录时间，联系网管，与网管上报告警的时间进行对比，计算告警上报响应时间，并填写记录本	
		（4）水浸：将一块湿布放在水浸传感器上或用少量的水滴在水浸传感器的端口进行试验。触发水浸探测器，记录触发时间，联系网管，与网管上报告警的时间进行对比，计算告警响应时间，并做好记录	
		（5）电源倒换试验：停一路市电，观察电源能否及时倒换，网管监测是否正常	
	（5）网元时间检查调整	按照标准时间对照调整	网元与网管时间同步，网管时间与北京标准时间一致
半年	（6）告警信息及数据备份	网管人员对系统信息及数据进行整理、备份	每半年一次，由网管中心人员操作执行
	（7）网管、维护终端检查	（1）用毛刷、吹风鼓风机、电吹风机等工具进行内外部清扫、除尘	设备内外部无积尘、浮灰
		（2）查看网管、维护终端的运行状态	工作状态正常，发现异常及时处理

续表

周期	检修项目	检修方法	标准及要求
年	（8）检查设备接地和防雷	检查地线与设备连接	① 连接牢固，接触良好； ② 地线测试应在雷雨季节前进行
	（9）网管数据备份、转储	对网管数据进行备份并转储	利用专用存储工具进行备份、转储

9.4 故障（障碍）处理

9.4.1 故障（障碍）处理流程

见 22.2“通信设备故障（障碍）处理流程图”。

9.4.2 故障（障碍）处理的基本原则

① 详细掌握设备故障现象，区分是通道故障还是设备故障。

② 由设备维护工区与网管中心配合处理。

9.4.3 故障处理思路

① 设备维护工区检查机房本端采集器、传感器（红外、温湿度、门磁、烟感等）和网络设备状态。

② 确定本端正常后，联系网管进行通道排查、确认，并对动环网管的运行服务状态进行检查和数据分析。

9.4.4 常见故障（障碍）定位、处理

1. 网元监测中断故障

处理方法：

① 检查该网元传输通道是否正常；

② 检查本地采集器电源状态；

③ 检查传输端口、网线连接是否正常；

④ 检查本地网络交换设备、端口是否正常。

2. 门磁、红外、温湿度、烟感等异常或无告警故障

原因分析与处理方法：

① 前端传感器接线松动：检查接线，测量电压；

② 前端传感器损坏：更换同样型号的传感器；

③ 线缆损坏：更换线缆；

④ 卡线端子松动：重新卡线；

⑤ 底板或开关量输入模块损坏：更坏底板或模块。

3. 电源数据采集不到或异常故障

处理方法：

① 检查电源数据采集串口连接是否正常、有无松动；

② 监测布线损坏：更换监测布线；

③ 串口接口损坏：更换底板。

10 语音记录仪

10.1 维护作业安全要求

语音记录仪维护作业安全要求如表 10.1 所示。

表 10.1 语音记录仪维护作业安全要求

设备描述	语音记录仪是具有对通话进行实时记录、调听、显示、检索等功能的设备	设备写真	
工具仪表	**工具：**压线钳、螺丝刀、尖嘴钳、扎带、毛刷、抹布、清洁材料、标签纸等		
	仪表：万用表、对线器等		
安全操作事项	（1）作业前与网管（调度）联系，征得同意后方可进行作业，不得超范围作业		
	（2）查看设备指示灯是否正常		
	（3）对工器具裸露金属部位做绝缘处理		
	（4）作业人员严禁佩戴戒指、手表等金属饰品		
	（5）检查语音记录仪与网管设备之间传输通道是否正常		
	（6）检修作业时，不得将异物坠入设备机架内部		
	（7）检查台账与实际运用以及运用标签是否一致		

续表

安全卡控	**作业前：** 明确人员分工、时间、作业地点和关键事项，针对当日作业特点布置安全注意事项
	作业中： 按计划对维护项目逐项检修，并如实填写检修记录
	作业后： 作业完毕，确认设备使用正常、工具仪表无遗漏后，清理现场

10.2 维护作业流程

语音记录仪维护作业流程如表10.2.所示。

表10.2 语音记录仪维护作业流程

作业前准备	作业内容	（1）组织作业准备会，布置任务，明确分工
		（2）检查着装：作业、防护人员按规定着装
		（3）检查工器具：工具、仪表、防护用具齐全，性能良好
		（4）梳理信息：对作业范围内设备运用相关信息进行梳理
		（5）准备材料：根据作业项目及设备运用情况准备材料
	安全风险卡控	（1）卡控作业人员状态、安全措施、防护人员是否落实到位
		（2）途中对车辆、司机的互控措施是否落实到位
		（3）对工具、仪表、器材的卡控措施是否到位
联系登记	作业要求	（1）按照设备维修作业等级进行登销记
		（2）作业人员严格执行“三不动”“三不离”“四不放过”及入室登记等安全制度，在网管监控下按程序进行维护作业
		（3）按计划对维护项目逐项检修，并如实填写检修记录
	作业内容	进入无人值守机房后，首先向网管（调度）汇报，汇报内容包括：部门、姓名、作业内容等，并在《入室登记本》内登记
作业项目	（1）语音记录仪设备检修	
	（2）语音记录仪网管检修	
	（3）电气连接其他附属防护设施检查	

续表

<table>
<tr><td rowspan="6">复查
试验销记</td><td rowspan="3">作业内容</td><td>（1）作业完毕，联系网管确认所有业务正常</td></tr>
<tr><td>（2）检查工器具，应无遗漏</td></tr>
<tr><td>（3）清理作业现场，在《入室登记本》内登记后方可离开</td></tr>
<tr><td rowspan="3">安全
风险卡控</td><td>（1）卡控登记制度、入室汇报制度是否落实到位</td></tr>
<tr><td>（2）卡控作业流程、表本填写、防护制度是否落实到位</td></tr>
<tr><td>（3）卡控销记制度、出室汇报制度、计表数量是否落实到位</td></tr>
<tr><td rowspan="6">作业结束</td><td rowspan="3">作业内容</td><td>（1）作业人员报告作业完成情况</td></tr>
<tr><td>（2）工班长总结当日作业情况，对未克服的设备缺点制定下一步整治措施</td></tr>
<tr><td>（3）在《设备检修记录表》《值班日志》中逐项进行记录</td></tr>
<tr><td rowspan="3">安全
风险卡控</td><td>（1）归途中的车辆、司机互控措施是否落实到位</td></tr>
<tr><td>（2）若发现问题，卡控问题库管理制度是否落实到位</td></tr>
<tr><td>（3）卡控问题追踪、问题克服是否落实到位</td></tr>
</table>

10.3 维护作业标准

10.3.1 巡检作业

语音记录仪巡检作业标准如表 10.3 所示。

表 10.3 语音记录仪巡检作业标准

<table>
<tr><th>序号</th><th>巡检项目</th><th>巡检方法</th><th>标准及要求</th></tr>
<tr><td>1</td><td>设备运行
环境巡检</td><td>查看门窗密封情况，观察温湿度计</td><td>门窗密封良好，温度为 18～28 ℃，湿度为 30%～75%</td></tr>
<tr><td rowspan="4">2</td><td rowspan="4">设备外观
状态巡检</td><td>（1）巡检机柜、子架、配线端子固定情况</td><td>机柜、子架安装牢固，无倾斜；配线端子连接良好，无松动</td></tr>
<tr><td>（2）查看补空板安装情况</td><td>补空板齐全，安装稳固</td></tr>
<tr><td>（3）检查设备机柜门锁扣</td><td>设备机柜门锁扣安装良好，开关灵活</td></tr>
<tr><td>（4）检查设备机架、面板是否清洁</td><td>设备机架、面板清洁，无污垢、积尘</td></tr>
</table>

续表

序号	巡检项目	巡检方法	标准及要求
3	设备运行状态巡检	（1）机柜声光告警检查	机柜声光告警功能正常
		（2）设备单板运行状态查看	设备单板运行正常，指示灯显示正常
		（3）防静电手腕配备情况检查	防静电手腕配备齐全，安装良好
		（4）设备风扇运行情况查看	设备风扇转速均匀、转动顺滑，无黏滞，无噪声，无异常
		（5）设备子架滤网安装情况查看、清扫	设备子架滤网安装良好，清洁、无污垢
4	线缆连接状态巡检	光纤尾纤、电源连接线、接地引线等各类连接配线检查	① 线缆整齐合理，无破损； ② 卡接良好，接头无松动； ③ 线缆弯曲半径符合标准
5	设备标识标牌巡检	设备机架、光纤尾纤、电缆配线、接地引线等标识标牌检查	标识标牌准确无误，无脱落、缺失
6	与网管确认设备运行状态	与网管联系，确认设备运行状态	设备运行正常，无告警

10.3.2 检修作业

语音记录仪检修作业标准如表10.4所示。

表10.4 语音记录仪检修作业标准

周期	检修项目	检修方法	标准及要求
月	（1）设备表面清扫、状态检查	（1）使用毛刷、干燥的软布对语音记录仪表面浮土进行清扫	① 设备内外部无积尘； ② 设备外表无浮灰、油污，除规定的设备标签以外无其他粘贴物和杂物
		（2）检查语音记录仪工作状态是否正常	外观完好，工作指示灯显示正常，若发现异常则及时处理
		（3）摘机后语音记录仪是否显示正在录音状态	显示正在录音状态，若发现异常应及时处理

续表

周期	检修项目	检修方法	标准及要求
月	（2）缆线及连接部件检查	检查引入线； 检查语音记录仪引入线、各插接件引线及电源线	① 线缆整齐合理，无破损； ② 卡接良好，接头无松动； ③ 线缆弯曲半径符合标准； ④ 连接部件连接牢固、无松动
	（3）日期、时间核对调整	校对语音记录仪时钟，时间以北京时间为准	误差＜30 s
	（4）调听试验	（1）录放音试验； （2）选择时段进行调听，时长在 6 s 内	符合《铁路通信维护规则》规定标准
	（5）标签核对、更新	（1）检查核对语音记录仪设备及缆线标签	（1）标签字迹清楚、正确，无破损
		（2）对调整后的录音通道、配线端子标签及时更新	（2）符合《铁路通信维护规则》规定标准
季	(6)语音记录仪显示功能检查：待机状态、录音状态、播放记录状态	（1）检查语音记录仪待机状态的电源及运行指示灯状态是否正常	符合《铁路通信维护规则》规定标准
		（2）检查录音电话或操作台摘机通话后录音状态是否显示	
		（3）检查录音播放时是否能正确显示录音时段	
	(7)语音记录仪告警功能试验	检查语音记录仪在待机状态时电源及运行指示灯状态是否正常	符合《铁路通信维护规则》规定标准
	(8)录音文件检查、整理	有录音网管的机械室或工区每季度对历史录音文件进行整理、检查，并记录录音时段	符合《铁路通信维护规则》规定标准
	（9）地线测试、检查、调整（在雷雨季前进行）	（1）检查语音记录仪所在机柜地线是否有破皮现象，若有则及时处理	符合《铁路通信维护规则》规定标准
		（2）检查地线与机柜连接处是否连接牢固，必要时进行紧固处理	

10.4 故障（障碍）处理

故障（障碍）处理流程见 22.2“通信设备故障（障碍）处理流程图”。

11　光纤在线监测系统

11.1　维护作业安全要求

光纤在线监测系统维护作业安全要求如表 11.1 所示。

表 11.1　光纤在线监测系统维护作业安全要求

设备描述	光纤在线监测系统用于光纤维护与管理，能实现自动、实时地监测光缆中被监测光纤的状况，及时反映被监测光纤的衰耗变化及变化趋势，准确定位光缆障碍点	设备写真	
工具仪表	**工具：** 压线钳、螺丝刀、尖嘴钳、扎带、毛刷（需做绝缘处理）、抹布、清洁材料、标签纸等		
	仪表： 光源、光功率计、红光笔、OTDR 光时域反射仪等		
安全操作事项	（1）作业前与网管（调度）联系，征得同意后方可进行作业，不得超范围作业		
	（2）查看设备指示灯是否正常		
	（3）对工器具裸露金属部位做绝缘处理		
	（4）作业人员严禁佩戴戒指、手表等金属饰品		
	（5）按照规定双人操作，防止误操作		
	（6）检修作业时，不得将异物坠入设备机架内部		
	（7）检查台账与实际运用以及运用标签是否一致		

续表

<table>
<tr><td rowspan="3">安全卡控</td><td>作业前：
明确人员分工、作业时间、作业地点和关键事项，以及针对当日作业特点布置的安全注意事项</td></tr>
<tr><td>作业中：
按计划对维护项目逐项检修，并如实填写检修记录</td></tr>
<tr><td>作业后：
作业完毕，确认设备使用正常、工具仪表无遗漏之后，清理现场</td></tr>
</table>

11.2 维护作业流程

光纤在线监测系统维护作业流程如表 11.2 所示。

表 11.2 光纤在线监测系统维护作业流程

<table>
<tr><td rowspan="8">作业前准备</td><td rowspan="5">作业内容</td><td>（1）组织作业准备会，布置任务，明确分工</td></tr>
<tr><td>（2）检查着装：作业、防护人员按规定着装</td></tr>
<tr><td>（3）检查工器具：工具、仪表、防护用具齐全，性能良好</td></tr>
<tr><td>（4）梳理信息：对作业范围内设备运用相关信息进行梳理</td></tr>
<tr><td>（5）准备材料：根据作业项目及设备运用情况准备材料</td></tr>
<tr><td rowspan="3">安全
风险卡控</td><td>（1）卡控作业人员状态、安全措施、防护人员是否落实到位</td></tr>
<tr><td>（2）途中对车辆、司机的互控措施是否落实到位</td></tr>
<tr><td>（3）对工具、仪表、器材的卡控措施是否到位</td></tr>
<tr><td rowspan="4">联系登记</td><td rowspan="3">作业要求</td><td>（1）按照设备维修作业等级进行登销记</td></tr>
<tr><td>（2）作业人员严格执行“三不动”“三不离”“四不放过”及入室登记等安全制度，在网管监控下按程序进行维护作业</td></tr>
<tr><td>（3）按计划对维护项目逐项检修，并如实填写检修记录</td></tr>
<tr><td>作业内容</td><td>进入无人值守机房后，首先向网管（调度）汇报，汇报内容包括：部门、姓名、作业内容等，并在《入室登记本》内登记</td></tr>
<tr><td rowspan="3">作业项目</td><td colspan="2">（1）光纤在线监测系统监测站检修</td></tr>
<tr><td colspan="2">（2）光纤在线监测系统管理中心检修</td></tr>
<tr><td colspan="2">（3）电气连接其他附属防护设施的检查</td></tr>
</table>

续表

复查试验销记	作业内容	（1）作业完毕，联系网管确认所有业务正常
		（2）检查工器具，应无遗漏
		（3）清理作业现场，在《入室登记本》内登记后方可离开
	安全风险卡控	（1）卡控登记制度、入室汇报制度是否落实到位
		（2）卡控作业流程、表本填写、防护制度是否落实到位
		（3）卡控销记制度、出室汇报制度、计表数量是否落实到位
作业结束	作业内容	（1）作业人员报告作业完成情况
		（2）工班长总结当日作业情况，对未克服的设备缺点制定下一步整治措施
		（3）在《设备检修记录表》《值班日志》中逐项进行记录
	安全风险卡控	（1）归途中的车辆、司机互控措施是否落实到位
		（2）若发现问题，卡控问题库管理制度是否落实到位
		（3）卡控问题追踪、问题克服是否落实到位

11.3 维护作业标准

11.3.1 巡检作业

光纤在线监测系统巡检作业标准如表 11.3 所示。

表 11.3 光纤在线监测系统巡检作业标准

序号	巡检项目	巡检方法	标准及要求
1	设备运行环境巡检	查看门窗密封情况，观察温湿度计	门窗密封良好，温度为 18～28 ℃，湿度为 30%～75%
2	设备外观状态巡检	（1）巡检机柜、子架、配线端子固定情况	（1）机柜、子架应安装牢固，无倾斜；配线端子连接良好，无松动
		（2）查看补空板安装情况	（2）补空板齐全，安装稳固
		（3）检查设备机柜门锁扣	（3）设备机柜门锁扣安装良好，开关灵活
		（4）检查设备机架、面板是否清洁	（4）设备机架、面板清洁，无污垢、积尘

续表

序号	巡检项目	巡检方法	标准及要求
3	设备运行状态巡检	（1）机柜声光告警检查	机柜声光告警功能正常
		（2）设备单板运行状态查看	设备单板运行正常，指示灯显示正常（指示灯状态描述见 2.4 节）
		（3）设备风扇运行情况查看	设备风扇转速均匀、转动顺滑，无黏滞，无噪声，无异常
		（4）设备子架滤网安装情况查看、清扫	设备子架滤网安装良好，清洁、无污垢
4	线缆连接状态巡检	电源连接线、接地引线等各类连接配线检查	① 线缆整齐合理，无破损； ② 卡接良好，接头无松动； ③ 线缆弯曲半径符合标准
5	设备标识标牌巡检	设备机架、电缆配线、接地引线等标识标牌检查	标识标牌准确无误，无脱落、缺失
6	确认设备运行状态	（1）查看网管设备运行情况	网管设备运行正常
		（2）用软布、电吹风等清扫网管设备	网管设备清洁，无积尘、污垢

11.3.2　检修作业

光纤在线监测系统检修作业标准如表 10.4 所示。

表 11.4　光纤在线监测系统检修作业标准

周期	检修项目	检修方法	标准及要求
日	主要软件状态检查	查看并校对主要软件及其数据	① 软件状态无误，数据符合规范； ② 利用专用存储设备进行备份、转储
月	设备表面清扫检查	（1）用毛刷、吹风鼓风机、电吹风机等工具清扫设备内外部积尘、浮灰	设备内外部无积尘、浮尘
		（2）用软布擦除设备面板油污，擦除时注意避开面板上的按键、开关；当油污不易清除时，可适当采用少量洗洁精辅助擦除	设备外表无浮灰、油污，除规定的设备标签以外无其他粘贴物和杂物
	系统时间同步检查并校准	查看系统数据是否同步，时间是否准确	系统数据时间保持一致

续表

周期	检修项目	检修方法	标准及要求
月	检查系统日志是否有违规操作和错误发生	仔细查看设备日志及告警	出现问题后及时确认告警信息并对其进行分析、处理
	整理、分析告警数据和重要监测数据	查看设备工作状态、告警信息	设备出现问题后，及时确认告警信息并对其进行分析、处理，直到设备恢复
季	日常数据备份	对数据进行备份、转储	① 数据符合规范； ② 利用专用存储设备进行备份、转储
	设备标签及线路标签检查	检查设备及线路标签是否完整、内容是否正确	标签不足时及时补充，标签内容有误时及时改正
	前端传感器外观及安装、连接检查	（1）检查传感器是否安装无误、外观有无缺损	符合《铁路通信维护规则》规定标准
		（2）检查连接状态是否完好	
	监控功能验证及监测数据校对	（1）查看并校验监控功能	符合《铁路通信维护规则》规定标准
		（2）查看并监测数据	
	监控监测系统功能校验	查看并校验监测系统的功能是否有错误	符合《铁路通信维护规则》规定标准
年	整理、分析全年的告警数据和重要监测数据	（1）仔细查看设备全年日志及告警	查看设备全年出现的问题及产生的告警信息，并对其进行分析、整理
		（2）查看全年网管及设备数据、告警信息	
	系统参数校对、调整及数据备份	对系统参数进行校对、备份、转储	① 数据符合规范； ② 利用专用存储设备进行备份、转储
	电路（链路）测试	测试链路，应连接正常、数据准确	符合《铁路通信维护规则》规定标准
	检查系统中设备接地状况以及各接口防雷器的外观和连接状况	（1）检查、整理地线连接线，紧固地线连接端螺丝、螺母	① 地线整齐合理，连接牢固； ② 接口无脱焊、松动、锈蚀及损伤
		（2）测量接地阻值	接地阻值符合标准
		（3）检查防雷器有无缺损，是否连接良好	防雷设备完好无缺，连接良好

11.4　故障（障碍）处理

故障（障碍）处理流程见 22.2“通信设备故障（障碍）处理流程图”。

12　64D 光电转换设备

12.1　维护作业安全要求

64D 光电转换设备维护作业安全要求如表 12.1 所示。

表 12.1　64D 光电转换设备维护作业安全要求

设备描述	64D 光电转换设备用于 64D 半自动闭塞的区间信号传输，其作用是增加光通道，与原有的电缆通道形成传输通道的冗余备份，并对传输通道进行实时监测，当一方通道故障时，可以自动切换至备用通道，亦可完成光缆和电缆的故障自动切换，出现故障时可发出报警，并自动启动备用设备，保证系统正常运行	设备写真	
工具仪表	**工具：**毛刷、吹风鼓风机、电吹风机、清洁工具、尼龙绑扎带、绝缘胶布、标签打印机、组合工具等		
	仪表：误码测试仪、以太网测试仪、数字万用表等		
安全操作事项	（1）作业前与网管（调度）联系，征得同意后方可进行，不得超范围作业		
	（2）对工器具裸露金属部位做绝缘处理		
	（3）作业人员严禁佩戴戒指、手表等金属饰品		
	（4）按照规定双人操作，防止误操作		
	（5）检修作业时，不得将异物坠入设备机架内部		
	（6）清扫有开关的单板表面时，不得碰触开关		

续表

安全操作事项	（7）严禁带电插拔接线电缆
	（8）在非天窗点作业范围内，严禁对设备进行测试、试验
	（9）因巡检需要，经批准允许在天窗点内进行测试、试验的，需及时恢复到正常状态
	（10）对设备进行日常巡检和维护时，避免用湿抹布接触带电设备；保持设备清洁，严禁在设备机柜内放置杂物；保持设备良好通风
	（11）对设备的主控板、电源板、通信板等控制相关部件进行维护时，必须在允许维修的时间段内作业
	（12）整理 DDF 架时，需注意 2M 线的余留长度，防止在整理过程中扯拉缆线
安全卡控	**作业前：** 与网管联系、沟通，现场确认设备运行正常，各部件外观完好
	作业中： 主要板件切换试验、数据备份等重要动作需双人操作
	作业后： 设备计表完成后，查看网管设备状态及业务，确认正常后方可离开

12.2 维护作业流程

64D 光电转换设备维护作业流程如表 12.2 所示。

表 12.2 64D 光电转换设备维护作业流程

作业前准备	作业内容	（1）组织作业准备会，布置任务，明确分工
		（2）检查着装：作业、防护人员按规定着装
		（3）检查工器具：工具、仪表、防护用具齐全，性能良好
		（4）梳理信息：对作业范围内设备运用相关信息进行梳理
		（5）准备材料：根据作业项目及设备运用情况准备材料
	安全风险卡控	（1）卡控作业人员状态、安全措施、防护人员是否落实到位
		（2）途中对车辆、司机的互控措施是否落实到位
		（3）对工具、仪表、器材的卡控措施是否落实到位

续表

<table>
<tr><td rowspan="4">联系登记</td><td rowspan="3">作业要求</td><td>（1）按照设备维修作业等级进行登销记</td></tr>
<tr><td>（2）作业人员严格执行“三不动”“三不离”“四不放过”等安全制度，在网管监控下按程序进行维护作业</td></tr>
<tr><td>（3）按计划对维护项目逐项检修，并如实填写检修记录</td></tr>
<tr><td>作业内容</td><td>进入无人值守机房后，首先向网管（调度）汇报，汇报内容包括：部门、姓名、作业内容等，并在《入室登记本》内登记</td></tr>
<tr><td rowspan="7">作业项目</td><td colspan="2">（1）设备外部清扫</td></tr>
<tr><td colspan="2">（2）设备运行状态检查</td></tr>
<tr><td colspan="2">（3）设备配线、电源等线缆、端子检查</td></tr>
<tr><td colspan="2">（4）通道倒换试验</td></tr>
<tr><td colspan="2">（5）恢复设备主用（2M）模式试验</td></tr>
<tr><td colspan="2">（6）网管信息、告警信息检查</td></tr>
<tr><td colspan="2">（7）告警和异常处理</td></tr>
<tr><td rowspan="6">复查试验销记</td><td rowspan="3">作业内容</td><td>（1）作业完毕，联系网管确认所有业务正常</td></tr>
<tr><td>（2）检查工器具，应无遗漏</td></tr>
<tr><td>（3）清理作业现场后方可离开</td></tr>
<tr><td rowspan="3">安全风险卡控</td><td>（1）卡控登记、汇报制度是否落实到位</td></tr>
<tr><td>（2）卡控作业流程、表本填写、防护制度是否落实到位</td></tr>
<tr><td>（3）卡控销记、汇报制度、计表数量是否落实到位</td></tr>
<tr><td rowspan="6">作业结束</td><td rowspan="3">作业内容</td><td>（1）作业人员报告作业完成情况</td></tr>
<tr><td>（2）工班长总结当日作业情况，对未克服的设备缺点制定下一步整治措施</td></tr>
<tr><td>（3）在《设备检修记录表》《值班日志》中逐项进行记录</td></tr>
<tr><td rowspan="3">安全风险卡控</td><td>（1）归途中的车辆、司机的互控措施是否落实到位</td></tr>
<tr><td>（2）若发现问题，卡控问题库管理制度是否落实到位</td></tr>
<tr><td>（3）卡控问题追踪、问题克服是否落实到位</td></tr>
</table>

12.3　维护作业标准

12.3.1　巡检作业

64D 光电转换设备巡检作业标准如表 12.3 所示。

表 12.3　64D 光电转换设备巡检作业标准

序号	巡检项目	巡检方法	标准及要求
1	设备运行环境巡检	查看门窗密封情况，观察温湿度计	门窗密封良好，温度为 18～28℃，湿度为 30%～75%
2	设备外观状态巡检	（1）巡检机柜、子架、配线端子固定情况	机柜、子架安装牢固，无倾斜；配线端子连接良好，无松动
		（2）检查设备机柜门锁扣	设备机柜门锁扣安装良好，开关灵活
		（3）检查设备机架、面板是否清洁	设备机架、面板清洁，无污垢、积尘
3	设备运行状态巡检	（1）设备声光告警检查	设备声光告警功能正常
		（2）设备单板运行状态查看	设备单板运行正常，指示灯显示正常
		（3）设备风扇运行情况查看	设备风扇转速均匀、转动顺滑，无黏滞，无噪声，无异常
4	线缆连接状态巡检	2M 线、网线、电源连接线、接地引线等各类连接配线检查	① 线缆整齐合理，无破损； ② 卡接良好，接头无松动； ③ 线缆弯曲半径符合标准
5	设备标识标牌巡检	设备机架、2M 线、网线、电源线、电缆配线、接地引线等标识标牌检查	标识标牌准确无误，无脱落、缺失
6	确认设备运行状态	与网管联系，确认设备运行状态	设备运行正常，无告警

12.3.2　检修作业

64D 光电转换设备检修作业标准如表 12.4 所示。

表 12.4　64D 光电转换设备检修作业标准

周期	检修项目	检修方法	标准及要求
月	（1）设备状态检查	查看设备外观，以及各板件工作指示灯、告警灯运行状态	外观完好，工作指示灯显示正常，若发现异常及时处理
	（2）设备清扫检查	（1）用毛刷、吹风鼓风机、电吹风机等工具清扫设备内外部积尘、浮灰	设备内外部无积尘、浮尘
		（2）用软布擦除设备面板油污，擦除时注意避开面板上的按键、开关；当油污不易清除时，可适当采用少量洗洁精辅助擦除	设备外表无浮灰、油污，除规定的设备标签以外无其他粘贴物和杂物
	（3）设备间连线检查	查看设备连接配线是否整齐、紧固，配线端子是否完好，无虚接 **注意：**整理设备连接配线时，不要用力拉拽，以免造成 2M 告警或配线脱落（虚接），影响业务	① 配线整齐、美观； ② 端子连接紧固、无虚接
	（4）接口、线缆标识检查	检查、补齐接口、线缆标识	标识准确无误，无脱落、缺失
	（5）电源检查	（1）电源线整理，接口紧固	电源线无变形，无严重变色，且连接良好
		（2）用万用表测量输入电压值	输入电压范围为DC −43.2～−57.6 V
	（6）网元时间检查调整	按照标准时间对照调整	网元时间与网管时间同步，网管时间与北京标准时间一致
	（7）通道倒换试验	（1）联系 64D 网管人员，进行光电通道切换试验	在光、电两种通道模式下，均能正常办理区间闭塞
		（2）完成通道切换，并确定设备正常后，联系驻站人员对本站相邻两个区间（上下行）进行闭塞试验	通道切换过程中，注意观察设备运行状态
	（8）恢复设备主用（2M）模式试验	联系 64D 网管人员，恢复至 2M 模式后，通知驻站人员进行对相邻两个区间（上下行）进行闭塞试验	① 恢复主用通道后试验正常； ② 在通道切换过程中，注意观察设备运行状态
	（9）运行状态、告警信息核对检查	联系 64D 网管人员，查看设备工作状态、告警信息	设备出现问题应及时确认告警信息并对其进行分析、处理，直到设备恢复

续表

周期	检修项目	检修方法	标准及要求
半年	（10）板件倒换试验	联系 64D 网管人员，对主备板进行切换，并通知驻站人员对本站相邻两个区间（上下行）进行闭塞试验	试验期间注意观察设备运行状态，与驻站人员确认区间闭塞试验是否正常
	（11）网管、维护终端检查	（1）用毛刷、吹风鼓风机、电吹风机等工具进行内外部清扫、除尘	设备内外部无积尘、浮灰
		（2）查看终端运行状态	工作指示灯显示正常，发现异常要及时处理
年	（12）网管数据库的备份	对网管数据库进行备份并转储	利用专用存储工具进行备份、转储

12.4 设备指示灯状态描述

设备指示灯状态描述如表 12.5 所示。

表 12.5 设备指示灯状态描述

名称	指示灯	颜色	状态	具体描述	备注
电源板	IN	绿色	绿常亮	输入电压正常	
			不亮	无输入电压	
	DC 12 V	绿色	绿常亮	12 V 输出正常	
			不亮	12 V 无输出	
	DC 5 V	绿色	绿常亮	5 V 输出正常	
			不亮	5 V 无输出	
	DC 12 V	绿色	绿常亮	12 V 输出正常	
			不亮	12 V 无输出	
	DC 5 V	绿色	绿常亮	5 V 输出正常	
			不亮	5 V 无输出	
主控板	电源	绿色	绿常亮	输入电压正常	
			不亮	输入电压异常	

续表

名称	指示灯	颜色	状态	具体描述	备注
主控板	光缆	绿色	绿常亮	传输用光通道	
			不亮	传输不用光通道	
	电缆	绿色	绿常亮	传输用电缆	
			不亮	传输不用电缆	
	接正	绿色	绿常亮	接收对方站正脉冲	
			不亮	没有接收对方站正脉冲	
	接负	绿色	绿常亮	接收对方站负脉冲	
			不亮	没有接收对方站负脉冲	
	发正	绿色	绿常亮	本站发出正脉冲	
			不亮	本站没有发出正脉冲	
	发负	绿色	绿常亮	本站发出负脉冲	
			不亮	本站没有发出负脉冲	
	CPU 通信故障	红色	不亮	主从 CPU 通信正常	
			红常亮	主从 CPU 通信异常	
	送电压故障	红色	不亮	输出闭塞信号正常	
			红常亮	输出闭塞信号异常	
	备机故障	红色	不亮	它系主控板正常	
			红常亮	它系主控板异常	
	通道 1 故障	红色	不亮	光通道 1 通信正常	
			红常亮	光通道 1 通信异常	
	通道 2 故障	红色	不亮	光通道 2 通信正常	
			红常亮	光通道 2 通信异常	
通信板	电源	绿色	绿常亮	输入电压正常	
			不亮	输入电压异常	
	通道中断	红色	不亮	光通道正常	
			红常亮	光通道中断	
	通道 1 接收	绿色	绿闪亮	接收到 1 路主控板数据	
			不亮	接收不到 1 路主控板数据	

续表

名称	指示灯	颜色	状态	具体描述	备注
通信板	通道 1 发送	绿色	绿闪亮	接收对方站数据，并发送给 1 路主控板	
			不亮	没有接收到对方站数据	
	通道 1 工作	绿色	绿闪亮	通道 1 工作正常	
			不亮	通道 1 工作异常或停止工作	
	通道 2 接收	绿色	绿闪亮	接收到 2 路主控板数据	
			不亮	接收不到 2 路主控板数据	
	通道 2 发送	绿色	绿闪亮	接收对方站数据，并发送给 2 路主控板	
			不亮	没有接收到对方站数据	
	通道 2 工作	绿色	绿闪亮	通道 2 工作正常	
			不亮	通道 2 工作异常或停止工作	

12.5　故障（障碍）处理

12.5.1　故障（障碍）处理流程

见 22.2“通信设备故障（障碍）处理流程图”。

12.5.2　故障（障碍）处理方法

故障（障碍）处理方法如表 12.6 所示。

表 12.6　故障（障碍）处理方法

序号	分类	故障点	上位机报警现象	故障判断方法	处理方法	备注
1	设备断电	网管控制器断电	（1）报警信息显示单个站点“通信失败” （2）线路图中主用通道“光缆”或“电缆”颜色变灰色 （3）站点显示“暂无数据”	① 使用“HTS 搜索工具”搜索有无此站 IP； ② 现场使用万用表检测 DC 48 V 有无电	恢复外部供电	不影响行车

续表

序号	分类	故障点	上位机报警现象	故障判断方法	处理方法	备注
1	设备断电	网管中心控制器断电	(1)报警信息显示所有站点“通信失败”	① 使用“HTS 搜索工具”搜索有无该线路所有站 IP； ② 现场使用万用表检测 AC 220 V 有无电	恢复外部供电	不影响行车
			(2)线路图中主用通道“光缆”或“电缆”颜色变灰色			
			(3)所有站点显示“暂无数据”			
		光缆传输器断电	(1)对方站报警信息持续显示“通道 1 故障”“备机故障”	现场使用万用表检测 DC 48 V 有无电	恢复外部供电	不影响行车
			(2)线路图中主用通道“光缆”或“电缆”颜色变灰色			
			(3)故障站点显示“暂无数据”			
2	通道故障	2M 通道	(1)报警信息持续显示两站点“通道 1 故障”“备机故障”	误码测试仪，环回测试报警	① 恢复 2M 通道； ② 检查 DDF 架对应方向位置； ③ 检查 2M 接线是否正确	不影响行车
			(2)故障站点显示“t 通道 1 故障”“备机故障”“备机故障”			
3	网管控制器接口故障	串口	故障站点显示“暂无数据”	检查网管控制器串口所对应光缆传输器的串口接线	恢复正确接线	不影响行车
4	电源板	单电源板 IN 故障	无报警	现场电源板指示灯熄灭	修复/更换板卡	不影响行车
		双电源板 IN 故障	见上述“光缆传输器断电”	现场电源板指示灯熄灭	修复/更换板卡	
5	通信板	电源及通信故障	现象同“通道故障”—“2M 通道”	现场通信板指示灯熄灭	修复/更换板卡	不影响行车
6	主控板	单板断电故障	上位机报“备机故障”	现场单板故障指示灯亮	修复/更换板卡	不影响行车

续表

序号	分类	故障点	上位机报警现象	故障判断方法	处理方法	备注
6	主控板	双板断电故障	（1）对方站报警信息持续显示“通道 1 故障”“备机故障”； （2）线路图中主用通道“光缆”或“电缆”颜色变灰色； （3）故障站点显示“暂无数据”	现场使用万用表检测 DC 48 V 有无电	恢复外部供电	不影响行车
		双板送电压故障	（1）故障站报“发送电压故障”“备机故障”； （2）对方站设备报“备机故障”	两站设备主控板报警指示灯亮	修复/更换板卡	
7	配置	(1)浏览器缩放比例	主控台界面站点连接图显示异常	缩放比例选择 100%	调整浏览器缩放比例	不影响行车
		(2)显示器分辨率		显示器分辨率应为：1 920×1 080	调整显示器分辨率	
		(3)浏览器版本		谷歌（Chrome）推荐版本 78.0.3904.70	更换浏览器版本	

13 车号自动识别系统设备

13.1 维护作业安全要求

车号自动识别系统设备维护作业安全要求如表13.1所示。

表13.1 车号自动识别系统设备维护作业安全要求

设备描述	车号自动识别系统可实现车次、车号自动识别，具有以下功能： （1）为铁路运输管理系统提供车次、车号等实时基础信息； （2）代替人工抄录车号，保证数据真实性、及时性、准确性和连贯性； （3）提高作业效率，减轻作业人员的劳动强度； （4）提供运输确报信息，实现运输确报现代化管理	设备写真	
工具仪表	**工具**：毛刷、吹风鼓风机、电吹风机、清洁工具、尼龙绑扎带、绝缘胶布、标签打印机、组合工具等		
	仪表：射频场强仪、综合测试仪、红光笔、吹尘器、便携式功率频率测试仪、数字万用表等		
安全操作事项	（1）维护人员在工作过程中应按规定佩戴和使用个人防护用品		
	（2）室内作业前，与车站及货运值班员联系，征得同意后方可进行作业，不得超范围作业；室外上道作业时，必须按规定履行登销记手续		
	（3）室外设备检修时，应设专人防护，并按有关上道作业规定执行，确保人身安全		
	（4）AEI室外设备检修时，必须由两个以上人员共同进行操作，严格落实人身安全互控措施，时刻注意附近来往车辆的调动与运行		

续表

安全操作事项	（5）清理灰尘使用的抹布不能过湿，以避免水渗入机器内部造成短路而损毁设备
	（6）调整磁钢顶面与钢轨面的距离时，须调整好技术尺寸，防止车轮压伤
	（7）设备自检必须在无过车的条件下完成，否则会造成列车丢签或断列等情况
	（8）对设备进行的检查、检测和保养，不能影响对列车的正常探测
	（9）更换故障设备整机或配件时，必须关闭设备电源开关，并对拆除的电源接线头做绝缘处理，以防止两线间短路、导线与机壳接地短路
安全卡控	**作业前：** （1）按照规定在《行车设备检查登记簿》或《行车设备施工登记簿》内登记，现场作业人员通过驻站联系人得到车站值班员允许作业的命令后方可进行作业； （2）现场作业联络人应与驻站联系人互试通信联络工具，确定作业地点及作业内容
	作业中： （1）车站防护员与驻站联络员相互进行联络，确保通信畅通，当联系中断时，现场防护员应立即通知作业负责人停止作业，立即下道避车； （2）车站防护员根据区间行车情况，随时向现场作业人员反馈行车信息，现场作业人员必须进行复述确认
	作业后： 设备计表完成后，查看设备状态及业务，确认正常后方可离开

13.2 维护作业流程

车号自动识别系统设备维护作业流程如表 13.2 所示。

表 13.2 车号自动识别系统设备维护作业流程

作业前准备	作业内容	（1）组织作业准备会，布置任务，明确分工
		（2）检查着装：作业、防护人员按规定着装
		（3）检查工器具：工具、仪表、防护用具齐全，性能良好
		（4）梳理信息：对作业范围内设备运用相关信息进行梳理
		（5）准备材料：根据作业项目及设备运用情况准备材料
	安全风险卡控	（1）卡控作业人员状态、安全措施、防护人员是否落实到位
		（2）途中对车辆、司机的互控措施是否落实到位
		（3）对工具、仪表、器材的卡控措施是否落实到位

续表

<table>
<tr><td rowspan="4">联系登记</td><td rowspan="3">作业要求</td><td>（1）按照设备维修作业等级进行登销记</td></tr>
<tr><td>（2）作业人员严格执行“三不动”“三不离”“四不放过”等安全制度，在网管监控下按程序进行维护作业</td></tr>
<tr><td>（3）按计划对维护项目逐项检修，并如实填写检修记录</td></tr>
<tr><td>作业内容</td><td>进入无人值守机房后，首先向网管（调度）汇报，汇报内容包括：部门、姓名、作业内容等，并在《入室登记本》内登记</td></tr>
<tr><td rowspan="7">作业项目</td><td colspan="2">（1）室内设备清扫</td></tr>
<tr><td colspan="2">（2）室内设备运行状态检查</td></tr>
<tr><td colspan="2">（3）室内设备配线、电源等线缆、端子检查</td></tr>
<tr><td colspan="2">（4）室外设备清扫</td></tr>
<tr><td colspan="2">（5）室外设备状态检查</td></tr>
<tr><td colspan="2">（6）AEI 主机和复示设备信息状态检查</td></tr>
<tr><td colspan="2">（7）告警和异常处理</td></tr>
<tr><td rowspan="6">复查
试验销记</td><td rowspan="3">作业内容</td><td>（1）作业完毕，联系网管确认所有业务正常</td></tr>
<tr><td>（2）检查工器具，应无遗漏</td></tr>
<tr><td>（3）清理作业现场后方可离开</td></tr>
<tr><td rowspan="3">安全
风险卡控</td><td>（1）卡控登记、汇报制度是否落实到位</td></tr>
<tr><td>（2）卡控作业流程、表本填写、防护制度是否落实到位</td></tr>
<tr><td>（3）卡控销记、汇报制度、计表数量是否落实到位</td></tr>
<tr><td rowspan="6">作业结束</td><td rowspan="3">作业内容</td><td>（1）作业人员报告作业完成情况</td></tr>
<tr><td>（2）工班长总结当日作业情况，对未克服的设备缺点制定下一步整治措施</td></tr>
<tr><td>（3）在《设备检修记录表》《值班日志》中逐项进行记录</td></tr>
<tr><td rowspan="3">安全
风险卡控</td><td>（1）归途中的车辆、司机的互控措施是否落实到位</td></tr>
<tr><td>（2）若发现问题，卡控问题库管理制度是否落实到位</td></tr>
<tr><td>（3）卡控问题追踪、问题克服是否落实到位</td></tr>
</table>

13.3 维护作业标准

13.3.1 巡检作业

车号自动识别系统设备巡检作业标准如表 13.3 所示。

表 13.3 车号自动识别系统设备巡检作业标准

序号	巡检项目	巡检方法	标准及要求
1	磁钢夹具	（1）清洁表面 （2）除锈刷漆 （3）给螺栓加油	① 夹具整洁，无锈蚀，无破损； ② 卡轨器不受钢轨及道砟挤压； ③ 安装牢固
2	磁钢	（1）使用测量工具测量磁钢顶面与钢轨面的垂直距离	磁钢顶面与钢轨面的垂直距离应符合以下要求： 50 kg 钢轨：（35+2）mm； 60 kg 钢轨：（36+2）mm； 70 kg 钢轨：（43+2）mm
		（2）使用示波器观察接车时和静态时的磁钢信号、干扰信号和噪声	① 开关门磁钢的中心间距符合要求，为(280±2）mm; ② 噪声或最大干扰信号的峰值应≤200 mV
3	天线及防护箱	（1）清洁天线外壳 （2）给螺栓、弹簧加油	① 外部整洁，安装牢固，螺栓、避震弹簧无锈蚀； ② 天线及防护箱无变形； ③ 天线及同轴电缆接头紧固良好，防水良好； ④ 电缆没有破坏性弯折
4	磁钢接线盒（HZ－12）	（1）外观检查	① 埋设稳固、无破损，螺栓无锈蚀； ② 内部整洁，接线牢固，接触良好； ③ 地环端子接触良好
		（2）用金属物划过无源磁钢，判断正负极	无源磁钢正负极接线正确
5	天线的读取范围	距天线上方 1 m 前后各 1.2 m 处用便携场强仪测量绿灯亮时的场强，标准标签数据可读出	天线每侧读取距离≥1.2 m

续表

序号	巡检项目	巡检方法	标准及要求
6	机柜	（1）拔下防雷组件 （2）使用万用表测量	① 机柜内外干净、整洁； ② 温度控制、防雷单元、接地装置作用良好； ③ 电源线、信号线连接紧固； ④ 防雷组件导通电阻≤2 Ω； ⑤ 接地装置接地电阻≤4 Ω
7	主机部分	（1）用毛刷等工具清洁	**1. 工控机** ① 工控机工作正常； ② 登录网页查看列车通过后的数据报文及各项参数，应数据正确； ③ 工控机后面板接线良好
		（2）进入接车软件，单击设备手动自检，查看自检消息有没有报警现象	**2. KVM** ① 键盘干净、整洁； ② 键盘按键灵活，接触良好； ③ 显示屏工作正常； ④ 后面板接线良好
		（3）在通道防雷组件输出端测量磁钢噪声	**3. 前置单元** ① 在待机状态下指示灯的状态正常； ② 在过车状态下指示灯的状态正常； ③ 同轴电缆接头紧固； ④ 后面板接线良好； ⑤ 每 6 个月一次测量同轴电缆及室外天线直流阻抗、驻波比（直流阻抗≤5 Ω，驻波比为 1～1.5）； ⑥ AEI 主机输出功率为 1～1.6 W
		（4）使用 XCDT-9 综合测试仪测量设备端口的驻波比 （5）测量时轻敲天线外壳，参数应无变化	**4. 信号防雷单元** ① 无源磁钢噪声≤200 mV； ② 磁钢、电源接线良好
8	电源部分	（1）清洁除尘	电源清洁、无尘
		（2）关闭市电，检查 UPS 输出情况	交流电源输入电压符合要求
		（3）用万用表测量 UPS 输出电压	UPS 工作正常，输出电压为 220 V（1±5%）
		（4）进行充放电，激活电池	① 双路电源转换装置工作正常； ② UPS 电池组充放电性能合格

13.3.2 检修作业

车号自动识别系统设备检修作业标准如表 13.4 所示。

表 13.4 车号自动识别系统设备检修作业标准

周期	检修项目	检修方法	标准及要求
月	（1）磁钢	（1）在 AEI 主机后接线端子上测量直流电阻（无须拆下磁钢接线）	直流电阻应为 500～900 Ω
		（2）用铁器在磁钢上划动或过车时测量直流脉动电压	直流脉动电压应＞0.6 V
	（2）轨边分线箱及 HZ－12 分线箱	（1）接线端子清扫，重新配线	① 清洁干净； ② 螺帽紧固，接触良好； ③ 同轴电缆松紧适度； ④ 表面无锈蚀
		（2）除锈，刷油漆	
	（3）电缆	（1）使用摇表测量外皮与芯线之间的绝缘电阻、芯线与芯线之间的绝缘电阻	① 当绝缘电阻≤10 MΩ 时更换； ② 接触不好时更换
		（2）直观检查电缆与接插件的连接情况	检查并紧固同轴电缆接头，若损坏应更换
		（3）直观检查同轴电缆	同轴电缆出现死弯时，须更换同轴电缆
	（4）天线的读取范围	（1）用便携式功率频率测试仪在天线上方进行测量	单侧读取距离点大于或等于 1.2 m
		（2）用测试标签（加背板）在天线上方 1 m 高沿轨道方向移动，测量读取范围	读取范围符合要求
	（5）地线	（1）用摇表测量电源防雷地电阻	电源防雷地电阻≥4 Ω 时，补做
		（2）用摇表测量保护地电阻	保护地电阻≥10 Ω 时，补做
	（6）电源防雷	直观检查	接插牢靠
	（7）通信及信号防雷	（1）直观检查接线端子	锈蚀或断裂时更换
		（2）直观检查接插情况	接线端子牢靠，防雷板接触良好、牢靠

续表

周期	检修项目	检修方法	标准及要求
月	(8) UPS 及电池柜	用万用表交流挡测量	输出不稳定时更换
	(9) 工控机	(1) 打开机箱盖，用吹尘器清扫，用酒精棉擦拭各电路板	无灰尘及多余物
		(2) 直观检查箱体	变形或锈蚀、破损时更换
		(3) 直观检查板卡及总线槽	弯曲变形、总线簧片变形或断开、短路时更换
	(10) AEI 前置设备	(1) 直观检查机柜	变形或锈蚀、破损时更换
		(2) 观察未过车时的设备状态指示	“工作状态”和“综测”指示灯红色、绿色交替闪烁
		(3) 观察过车时的设备状态指示	①“RF 指示”和“主加载”灯变为红色，直到过车结束，变回绿色； ② 指示灯“磁钢 1”开始红绿闪烁，过一会儿变为绿色，“磁钢 2”和“磁钢 3”开始闪烁； ③ 标签”和“读写”灯闪烁
	(11) RF 的发射功率、频率及天线的驻波比	用综合测试仪进行测试	① 功率大于或等于 0.5 W 时，小于或等于 1.6 W； ② 频率为910.10 MHz、912.10 MHz、914.10 MHz，偏差允许范围为0.05 MHz； ③ 驻波比小于或等于 1.5
	(12) 网络通信设备	在 Windows 系统下单击“开始”菜单中的“运行”，输入“ping 目标 IP”，查看网络连接状态	① 网络接头接触良好； ② ADSL 调制解调器或光端机状态正常； ③ 通信不稳定时更换
	(13) 机柜	(1) 打开前门，用吹尘器清扫	无灰尘及多余物
		(2) 直观检查机柜	变形、锈蚀、破损时更换

13.4 故障（障碍）处理

13.4.1 故障（障碍）处理流程

见 22.2“通信设备故障（障碍）处理流程图”。

13.4.2 故障（障碍）处理原则

总体原则是按从前端到后端、从室外到室内、从硬件到软件的模式进行排查。

13.4.3 常见故障（障碍）处理

1. 接车故障

故障现象：辆数、辆序不准，丢列、丢辆、不接车。

处理方法：

① 检查室外电缆盒到主机电缆；

② 更换磁钢；

③ 更换磁钢板。

2. 读标签故障

故障现象：漏读标签，或整列无标签读数。

处理方法：

① 更换室外天线；

② 检查射频电缆与天线接头是否良好、紧固；

③ 更换射频电缆及组件；

④ 检查系统软件运行是否正常；

⑤ 更换主板。

3. 通信故障

故障现象：通信不畅通或时通时断。

处理方法：

① 检查系统各类配线、串口连接头；

② 检查通信线路；

③ 更换通信光电转换或交换设备。

14 通信电源设备

14.1 维护作业安全要求

通信电源设备维护作业安全要求如表 14.1 所示。

表 14.1 通信电源设备维护作业安全要求

设备描述	通信电源设备应为通信设备提供稳定、可靠、不间断的供电，其容量及各项指标应能满足通信设备对电源的要求	设备写真	
工具仪表	**工具：**毛刷、清洁工具、尼龙绑扎带、绝缘胶布、标签打印机、压线钳、组合工具等		
	仪表：电压测试表、数字万用表、兆欧表、接地电阻测试仪、钳形蓄电池综合测试仪、电压测试表等		
安全操作事项	（1）作业前与网管（调度）联系，征得同意后方可进行作业，不得超范围作业		
	（2）查看设备指示灯是否正常，听风扇运转声音，感受风向、风量		
	（3）对工器具裸露金属部位做绝缘处理，拆装缆线裸露金属部位时应做绝缘处理		
	（4）作业人员严禁佩戴戒指、手表等金属饰品		
	（5）作业人员在作业期间需穿绝缘鞋，脚下垫绝缘垫，严禁身体各部触碰机柜内裸露带电部分，确保作业人员人身安全		
	（6）检修作业时，不得将异物坠入设备机架内部		

续表

安全操作事项	（7）登高检修设备时，应先检查梯凳是否防滑、坚固、平稳；作业时，必须把工具和物品放牢，以防坠落伤人
	（8）蓄电池放电试验前，需确认双路市电正常且无停电通知，并在天气较好（避开夏季高温、雷雨等恶劣天气）的情况下进行放电试验；放电时随时监测，严禁过于放电而影响设备供电
	（9）更换整流模块时，先关闭该路整流模块的电源开关，再拔出故障整流模块，然后插入备用整流模块，最后打开该路电源开关并观察运行情况
	（10）更换熔断器和空开时，应保证规格容量一致，并连接好监测线；使用熔断器专用工具分离熔断器时，应正确使用专用工具卡住待分离的熔断器，先分离熔断器上部，再分离熔断器下部；合拢熔断器时，先合拢熔断器下部，再用力推合拢熔断器上部，并避免熔断器合拢瞬间打火
安全卡控	**作业前：** （1）熟练掌握工作原理和各开关的作用，熟悉交流和直流输出所带负载设备情况； （2）与网管（调度）联系、沟通，现场确认设备运行正常，各部件外观完好
	作业中： 检修需 2 人（含）以上作业，严禁单人作业；作业时，应使用绝缘工具，穿绝缘胶鞋（室内应站在绝缘垫上）
	作业后： 设备计表完成后，查看网管设备状态及业务，确认正常方可离开

14.2　维护作业流程

通信电源设备维护作业流程如表 14.2 所示。

表 14.2　通信电源设备维护作业流程

作业前准备	作业内容	（1）组织作业准备会，布置任务，明确分工
		（2）检查着装：作业、防护人员按规定着装
		（3）检查工器具：工具、仪表、防护用具齐全，性能良好
		（4）梳理信息：对作业范围内设备运用相关信息进行梳理
		（5）准备材料：根据作业项目及设备运用情况准备材料
	安全风险卡控	（1）卡控作业人员状态、安全措施、防护人员是否落实到位
		（2）途中对车辆、司机的互控措施是否落实到位
		（3）对工具、仪表、器材的卡控措施是否落实到位

续表

联系登记	作业要求	（1）按照设备维修作业等级进行登销记
		（2）作业人员严格执行“三不动”“三不离”“四不放过”及入室登记等安全制度，在网管监控下按程序进行维护作业
		（3）按计划对维护项目逐项检修，并如实填写检修记录
	作业内容	进入无人值守机房后，首先向网管（调度）汇报，汇报内容包括：部门、姓名、作业内容等，并在《入室登记本》内登记
作业项目	（1）高频开关电源维修	
	（2）UPS 电源和逆变器维修	
	（3）阀控式密封铅酸蓄电池维修	
	（4）交流配电柜（箱）及电源配线维修	
	（5）通信雷电综合防护设施维修	
复查试验销记	作业内容	（1）作业完毕，联系网管确认所有业务正常
		（2）检查工器具，应无遗漏
		（3）清理作业现场，在《入室登记本》内登记后方可离开
	安全风险卡控	（1）卡控登记制度、入室汇报制度是否落实到位
		（2）卡控作业流程、表本填写、防护制度是否落实到位
		（3）卡控销记制度、出室汇报制度、计表数量是否落实到位
作业结束	作业内容	（1）作业人员报告作业完成情况
		（2）工班长总结当日作业情况，对未克服的设备缺点制定下一步整治措施
		（3）在《设备检修记录表》《值班日志》中逐项进行记录
	安全风险卡控	（1）归途中的车辆、司机的互控措施是否落实到位
		（2）若发现问题，卡控问题库管理制度是否落实到位
		（3）卡控问题追踪、问题克服是否落实到位

14.3 维护作业标准

14.3.1 巡检作业

通信电源设备巡检作业标准如表 14.3 所示。

表 14.3 通信电源设备巡检作业标准

序号	巡检项目	巡检方法	标准及要求
1	设备运行环境巡检	查看门窗密封情况，观察温湿度计	门窗密封良好，温度为 18～28℃，湿度为 30%～75%
2	设备外观状态巡检	（1）巡检机柜、子架、配线端子固定情况	机柜、子架安装牢固，无倾斜；配线端子连接良好，无松动
		（2）检查蓄电池外观完好度	蓄电池外观良好，无膨胀变形或破裂，表面无金属物及工具、异物、污染、漏液
		（3）检查设备机柜门锁扣	设备机柜门锁扣安装良好，开关灵活
		（4）检查设备机架、面板是否清洁	设备机架、面板清洁，无污垢、积尘
3	设备运行状态巡检	（1）告警信息查看	设备运行良好，告警功能正常
		（2）各模块运行状态查看	各模块运行正常，指示灯显示正常： 绿灯（OK）：正常； 黄灯（ALM）：告警； 红灯（FLT）：故障
		（3）防雷单元检查	防雷单元运行正常，状态良好
		（4）整流器风扇运行情况查看	风扇转速均匀、转动顺滑，无黏滞，无噪声，无异常
		（5）设备浮尘清扫	设备子架滤网安装良好，清洁，无污垢
4	线缆连接状态巡检	电源连接线、接地引线等各类连接配线检查	① 线缆整齐合理，无破损； ② 卡接良好，接头无松动； ③ 线缆弯曲半径符合标准
5	设备标识标牌巡检	设备机架、电源连接线、电缆配线、接地引线等标识、标牌检查	标识、标牌准确无误，无脱落、缺失
6	确认设备运行状态	与网管联系，确认设备运行状态	设备运行正常，无告警

14.3.2 检修作业

1. 高频开关电源设备检修作业

高频开关电源设备检修作业标准如表 14.4 所示。

表 14.4 高频开关电源设备检修作业标准

周期	检修项目	检修方法	标准及要求
月	（1）设备运行情况检查	查看设备外观，以及各工作指示灯、告警灯的运行状态	① 设备外观完好； ② 工作指示灯显示正常，若发现异常应及时处理
季	（2）清扫检查	使用带绝缘的清扫工具、干燥的软布对设备内外部进行清扫	设备内外部无积尘、油污，除规定的设备标签以外无其他粘贴物和杂物
	（3）避雷装置检查	检查防雷单元运行情况	避雷装置表面平整、颜色均匀，无明显差异
	（4）时间检查校对	现场通过控制器显示屏查看时间，发现时间有误时应及时进行手动校对	设备时间与北京时间误差在 30 s 以内
	（5）转换开关及指示灯检查	（1）检查转换开关的工作情况 （2）查看指示灯的显示情况	发现有变形、焦糊异味、转换及显示不正常等情况时应及时处理
	（6）各整流模块并机工作均流检查调整	查看整流模块或监控模块内各整流模块显示的输出电流值是否一致	各整流模块输出的电流值基本一致，当不一致时应及时处理
	（7）均浮充转换试验	对照高频开关电源说明书（操作维护手册），进入“控制器功能”菜单，更改、设置均浮充参数，进行均浮充转换试验	均浮充转换功能正常
	（8）均浮充均流检查、调整	对照高频开关电源说明书（操作维护手册），进入“控制器功能”菜单进行均浮充均流检查、调整	各参数符合维护标准
	（9）停电及输入熔断器告警试验	（1）确认蓄电池供电正常 （2）关闭高频开关电源柜上的交流电源空开，系统自动转为蓄电池供电，发出声光告警 （3）进入“控制器”菜单，确认当告警信息相符后开启交流电源空开，告警恢复	告警功能正常
	（10）强度检查、配线整理	对接地引线、电源输入输出线、数据采集等配线强度进行检查及整理	① 电源设备的配线应整齐、牢固，绝缘良好，无发热、松动或绝缘护套损伤等情况； ② 连接线两端标识要准确且对应

续表

周期	检修项目	检修方法	标准及要求
季	（11）蓄电池连接线压降测试	用电压测试表测量蓄电池组的输出端至高频开关电源的直流输出汇流排处的压降	符合维修质量标准
半年	（12）地线检查	对地线进行测试、检查	① 当机房采用共用接地方式，且接入综合接地系统时，接地电阻值应不大于 1 Ω；对于不具备接入综合接地系统条件的基站机房，接地电阻不大于 4 Ω； ② 当机房采用分设接地方式时，直流工作接地电阻值不大于 4 Ω，保护接地电阻值不大于 10 Ω，建筑物防雷接地电阻值不大于 10 Ω； ③ 地线整齐合理，连接牢固，无脱焊、松动、锈蚀及损伤
	（13）设备参数值检查核对	对照高频开关电源说明书（操作维护手册），进入“控制器功能”菜单进行设备参数值检查核对	各参数符合维护标准
	（14）告警功能试验	（1）确认蓄电池供电正常	告警功能正常
		（2）断开交流输入或整流器供电空开，发出声光告警	
		（3）进入“控制器”菜单，确认当告警信息相符后开启相应空开，告警恢复	
	（15）线缆标签核对检查	对接地引线，电源输入输出线、数据采集等线缆标签进行核对检查	电源设备的线缆两端标识要准确且对应
年	（16）直流负载电流测试	进入“控制器功能”菜单，查看直流负载电流值	直流负载电流应在高频开关电源配置整流模块工作范围内，当接近临界值时应增加整流模块
	（17）直流馈电线压降测试	用电压测试表测量蓄电池组的输出端至负载受电端的全程压降	符合《铁路通信维护规则》规定标准

2. 蓄电池组检修作业

蓄电池组检修作业标准如表 14.5 所示。

表 14.5　蓄电池组检修作业标准

周期	检修项目	检修方法	标准及要求
月	（1）电池组机架有无螺母松动、生锈	电池组机架螺母检查、紧固	机架螺母无松动、锈蚀等现象
	（2）蓄电池外观、温度检查	检查蓄电池的外观及温度	① 蓄电池外观良好，表面无金属物及工具、异物、污染、漏液； ② 温度正常，无明显发热现象
	（3）连接线松动、发热检查	紧固连接线，测量温度	连接线应整齐、牢固，绝缘良好，无发热、松动或绝缘护套损伤等情况
	（4）电池架是否稳固、清洁	（1）检查电池架安装情况	电池架安装稳固，无倾斜、晃动
		（2）用带绝缘清扫工具、干燥的抹布对电池架进行清洁	电池架清洁，无污垢
	（5）电池是否有膨胀变形或破裂	检查电池外观完好度	电池无膨胀变形或破裂，出现异常情况应及时更换
	（6）极柱是否漏液	检查极柱外观完好度	极柱无漏液、氧化、爬酸、爬钙现象，出现异常情况应及时更换
	（7）槽、盖封口处是否漏液	检查槽、盖封口处	槽、盖封口处无漏液现象
季	（8）电池组均衡充电	对照高频开关电源说明书（操作维护手册），进入“控制器功能”菜单，设置均衡充电参数，周期 90 天	进行电池组均衡充电时，电池单体电压偏差保持在预期的范围内，从而保证每个单电池在寿命期内不会因受到过应力冲击而发生损坏
半年	（9）放电试验	（1）确认两路交流输入及整流器工作状态	确认两路交流输入端的电压在允许范围内且整流器工作正常
		（2）进入“高频开关电源控制器”功能菜单做参数设置，将浮充电压值调整为 47.4 ~49 V	根据电池容量、负载电流值及所需达到的放电深度对浮充电压值进行合理设置
		（3）记录实时蓄电池电压值	记录放电开始后 5 min、10 min、15 min、30 min、60 min、120 min 时的电压值
		（4）放电试验完成后，恢复浮充电压值为放电试验前的设置值	蓄电池符合维修质量标准要求

续表

周期	检修项目	检修方法	标准及要求
年	（10）蓄电池电压采集线检查	蓄电池电压采集线检查及整理	电源设备的配线应整齐、牢固、绝缘良好，无发热、松动或绝缘护套损伤等情况
	（11）连接排电压降测试	用电压测试表测量蓄电池组的各输出端之间的压降	符合维修质量标准

3. UPS 及逆变电源检修作业

UPS 及逆变电源检修作业标准如表 14.6 所示。

表 14.6　UPS 及逆变电源检修作业标准

周期	检修项目	检修方法	标准及要求
月	（1）运行情况检查	查看设备各工作指示灯、告警灯运行状态	工作指示灯显示正常，若发现异常则应及时处理
	（2）表面清扫、检查	（1）用毛刷清扫面板浮灰	表面无浮灰、油污，除规定的设备标签以外无其他粘贴物和杂物
		（2）用软布擦除设备面板油污，注意擦除时避开面板上的按键、开关。当油污不易清除时，可适当采用少量洗洁精辅助擦除	
	（3）风扇检查	（1）用吹风鼓风机、电吹风机等工具清扫积尘	风扇清洁，无积尘
		（2）风扇运行情况检查	风扇转速均匀、转动顺滑，无黏滞，无噪声，无异常；各风扇应该扇叶齐全，无破损；如有不正常现象应进行更换
	（4）时间检查校对	在现场通过显示屏查看时间，发现时间有误时应及时进行手动校对	设备时间与北京时间的误差在 30 s 以内
	（5）输入输出电压测试、检查	用万用表进行输入输出电压测量	符合维修质量标准
	（6）运行参数指标查询	对照 UPS、逆变电源说明书（操作维护手册），进入“功能”菜单进行设备参数指标查询	各参数符合维护标准

续表

周期	检修项目	检修方法	标准及要求
季	（7）地线检查	对地线进行测试、检查	① 地线阻值符合《铁路通信维护规则》规定标准； ② 地线整齐合理，连接牢固，无脱焊、松动、锈蚀及损伤
	（8）强度检查、配线整理	对接地引线，电源输入输出线等配线进行检查及整理	电源设备的配线应整齐、牢固、绝缘良好，无发热、松动或绝缘护套损伤等情况
	（9）线缆标签核对检查	电源输入输出线等线缆标签核对检查	电源设备的线缆两端标识要准确且对应
	（10）线缆连接强度及发热情况检查	（1）线缆紧固	线缆应整齐、牢固、绝缘良好，无发热、松动或绝缘护套损伤等情况
		（2）强度检查	
年	（11）设备参数值检查核对	对照 UPS、逆变电源说明书（操作维护手册），进入“功能”菜单进行设备参数值检查核对	各参数符合维护标准
	（12）避雷装置检查	检查避雷装置运行情况	避雷装置表面平整、颜色均匀，无明显差异
	（13）告警功能试验	（1）确认蓄电池供电正常	告警功能正常
		（2）断开交流输入开关，应发出声光告警	
		（3）进入“功能”菜单，确认与告警信息相符后开启相应开关，告警恢复	
	（14）逆变及旁路转换试验	（1）在进行相关操作前、确认设备工作正常，各项指标符合标准	设备逆变及旁路供电转换功能正常
		（2）断开交流输入开关，检查设备逆变功能	
		（3）操作旁路转换开关，使设备进入旁路供电模式，检查设备旁路供电功能	
		（4）试验完毕后，恢复设备正常模式，确认设备工作正常	
	（15）负载容量检查核对	测试、统计为设备供电的用户的负载容量	保证负载容量在设备的工作范围内，避免出现过载情况

14.4 通信电源线颜色配置及布放规定

1. 交流电缆（线）

A 相：黄色；

B 相：绿色；

C 相：红色；

零线：天蓝色或黑色；

保护地线：黄绿双色。

2. 直流电缆（线）

正极：红色或黑色；

负极：蓝色。

注意：交流电源线与直流电源线、通信线缆等应分开布放，间隔分别应不小于 10 cm、13 cm。

14.5 故障（障碍）处理

14.5.1 故障（障碍）处理流程

见 22.2“通信设备故障（障碍）处理流程图”。

14.5.2 故障（障碍）处理原则

① 当电源设备发生故障时，应按“先抢通、后修复，分级排除、逐段测量”的原则处理。

② 抢修的主要工作应在最短时间内完成，恢复电源设备正常运行。

14.5.3 故障（障碍）处理思路

① 在遇到故障时，应该仔细查看故障现象并分析可能原因，从而做到有方向、有目的、迅速地处理故障。

② 故障处理一般应遵循“先看，再问，然后思考，最后动手”的思路，不要盲目处理，因为盲目处理漫无目的，不仅影响效率，还可能造成新的故障。

14.5.4 常见故障（障碍）定位和分析处理

1. 交流过压故障

① 用数字万用表交流电压挡测量电源系统交流输入相电压（V_{AC}）。

② 操作控制器进入“交流参数”设置菜单，检查交流电压上限值。

③ 分析交流输入相电压值与交流电压上限的关系：

a）交流电压上限设置值低时，重新设置交流电压上限为 264 V；

b）当交流电压上限设置值正确，而交流输入相电压（V_{AC}）太高时，与供电部门联系，调整交流输入电源。

2. 交流欠压故障

① 用数字万用表交流电压挡测量电源系统交流输入相电压（V_{AC}）。

② 操作控制器进入“交流参数”设置菜单，检查交流电压下限值。

③ 分析交流输入相电压值与交流电压下限的关系：

a）交流电压下限设置值高时，重新设置交流电压下限为 176 V；

b）当交流电压下限设置值正确，但交流输入相电压（V_{AC}）太低时，与供电部门联系，调整交流输入电源。

3. 交流缺相故障

① 进入“交流输入状态”菜单，检查缺相的相电压，应小于 50 V。

② 检查、测量机房交流供电情况：

a）当机房供电不缺相时，检查交流三相电压检测线、开关电源的供电线路连接的正确性、牢固性；

b）当机房供电缺相时，与供电部门联系，排除交流供电线路故障。

4. 防雷器故障

① 检查防雷器模块安装有无松动，有松动时将其安装牢固。

② 检查“防雷器模块状态”显示窗口的颜色，损坏的防雷器模块状态显示窗口会由绿色变为红色，这时须更换故障防雷器模块。

③ 检查防雷器信号连接线的正确性、牢固性。

15　综合防雷设施

15.1　维护作业安全要求

综合防雷设施维护作业安全要求如表 15.1 所示。

表 15.1　综合防雷设施维护作业安全要求

设备描述	综合防雷设施是通信电源和通信系统安全、可靠运行的重要保证。只有加强防雷设施的维护，才能更有效地预防雷电的侵袭，把雷电损害降到最低程度，确保通信的可靠畅通	设备写真	
工具仪表	**工具：**清洁工具、尼龙绑扎带、绝缘胶布、标签打印机、组合工具等		
	仪表：数字万用表、测温仪、绝缘电阻测试仪、接地电阻测试仪等		
安全操作事项	（1）作业前与网管（调度）联系，征得同意后方可进行作业，不得超范围作业		
	（2）对工器具裸露金属部位做绝缘处理		
	（3）作业人员严禁佩戴戒指、手表等金属饰品		
	（4）按照规定双人操作，防止误操作		
	（5）作业人员在作业期间需穿绝缘鞋，脚下垫绝缘垫，严禁身体各部触碰机柜内裸露带电部分，确保作业人员人身安全		
	（6）检修作业时，不得将异物坠入设备机架内部		

续表

<table>
<tr><td rowspan="3">安全
卡控</td><td>作业前：
与网管联系、沟通，现场确认设备运行正常，各部件外观完好</td></tr>
<tr><td>作业中：
检修作业需双人操作，作业时须佩戴个人防护用品，使用绝缘良好的工器具</td></tr>
<tr><td>作业后：
查看设备状态及业务，确认正常方可离开</td></tr>
</table>

15.2 维护作业流程

综合防雷设施维护作业流程如表 15.2 所示。

表 15.2 综合防雷设施维护作业流程

<table>
<tr><td rowspan="8">作业前准备</td><td rowspan="5">作业内容</td><td>（1）组织作业准备会，布置任务，明确分工</td></tr>
<tr><td>（2）检查着装：作业、防护人员按规定着装</td></tr>
<tr><td>（3）检查工器具：工具、仪表、防护用具齐全，性能良好</td></tr>
<tr><td>（4）梳理信息：对作业范围内设备运用相关信息进行梳理</td></tr>
<tr><td>（5）准备材料：根据作业项目及设备运用情况准备材料</td></tr>
<tr><td rowspan="3">安全
风险卡控</td><td>（1）卡控作业人员状态、安全措施、防护人员是否落实到位</td></tr>
<tr><td>（2）途中对车辆、司机的互控措施是否落实到位</td></tr>
<tr><td>（3）对工具、仪表、器材的卡控措施是否落实到位</td></tr>
<tr><td rowspan="4">联系登记</td><td rowspan="3">作业要求</td><td>（1）按照设备维修作业等级进行登销记</td></tr>
<tr><td>（2）作业人员严格执行“三不动”“三不离”“四不放过”及入室登记等安全制度，在网管监控下按程序进行维护作业</td></tr>
<tr><td>（3）按计划对维护项目逐项检修，并如实填写检修记录</td></tr>
<tr><td>作业内容</td><td>进入无人值守机房后，首先向网管（调度）汇报，汇报内容包括：部门、姓名、作业内容等，并在《入室登记本》内登记</td></tr>
<tr><td rowspan="5">作业项目</td><td colspan="2">（1）接地装置检修</td></tr>
<tr><td colspan="2">（2）等电位连接检查</td></tr>
<tr><td colspan="2">（3）屏蔽网检查</td></tr>
<tr><td colspan="2">（4）防雷单元、保护装置检修</td></tr>
<tr><td colspan="2">（5）通信雷电综合防护设施维修</td></tr>
</table>

续表

复查 试验销记	作业内容	（1）作业完毕，联系网管确认所有业务正常
		（2）检查工器具，应无遗漏
		（3）清理作业现场，在《入室登记本》内登记后方可离开
	安全 风险卡控	（1）卡控登记制度、入室汇报制度是否落实到位
		（2）卡控作业流程、表本填写、防护制度是否落实到位
		（3）卡控销记制度、出室汇报制度、计表数量是否落实到位
作业结束	作业内容	（1）作业人员报告作业完成情况
		（2）工班长总结当日作业情况，对未克服的设备缺点制定下一步整治措施
		（3）在《设备检修记录表》《值班日志》中逐项进行记录
	安全 风险卡控	（1）归途中的车辆、司机的互控措施是否落实到位
		（2）若发现问题，卡控问题库管理制度是否落实到位
		（3）卡控问题追踪、问题克服是否落实到位

15.3 维护作业标准

15.3.1 巡检作业

综合防雷设施巡检作业标准如表 15.3 所示。

表 15.3 综合防雷设施巡检作业标准

序号	巡检项目	巡检方法	标准及要求
1	接闪器巡检	（1）外观检查	无锈蚀、弯曲变形或断裂
		（2）安装情况检查	固定良好，无倒伏
2	引下线巡检	（1）外观检查	无松脱、断线、烧痕或熔断现象
		（2）连接点检查	连接牢固，无松动、脱焊
3	等电位连接巡检	（1）外观检查	无锈蚀、断裂
		（2）连接点检查	连接牢固，无脱焊

续表

序号	巡检项目	巡检方法	标准及要求
4	地网巡检	（1）外观检查	无锈蚀、弯曲变形或断裂
		（2）连接情况检查	连接牢固，无松动、脱焊
5	防雷单元巡检	（1）断路器开关状态检查	断路器处于闭合状态
		（2）运行状态检查	断路器运行正常，功能良好
6	接地装置巡检	（1）接地体周围环境检查	环境良好，无腐蚀性化学物品
		（2）地线接线排及连接线缆检查	① 连接牢固，无松动； ② 连接线缆外皮无龟裂、破损

15.3.2 检修作业

综合防雷设施检修作业标准如表 15.4 所示。

表 15.4 综合防雷设施检修作业标准

周期	检修项目	检修方法	标准及要求
月	（1）浪涌保护器检查	① 检查浪涌保护器的外观、失效指示； ② 检查断路开关状态	① 浪涌保护器表面平整、光洁，指示窗状态正常； ② 断路开关处于闭合状态
	（2）防雷箱检查	① 检查防雷箱指示灯； ② 雷击计数检查、记录	① 指示灯显示正常； ② 记录雷击次数
	（3）地网标识检查	检查地网标识	标识正确，字迹清晰
季	（4）浪涌保护器模块检查	用测温仪检查浪涌保护器模块的发热状态	模块运行良好，无异常发热
年	（5）避雷网（带）、引下线检修	检查避雷网（带）、引下线外观及连接质量	连接牢固，无脱焊、松动、锈蚀及损伤
	（6）线缆整理	① 检查、处理接地汇集线、接地线、等电位连接线，以及地网引线之间的连接质量； ② 更新、补充线缆标识	① 连接牢固，无脱焊、松动、锈蚀及损伤； ② 标识准确，无脱落、缺失

续表

周期	检修项目	检修方法	标准及要求
年	（7）浪涌保护器连接质量检查	检查浪涌保护器连接质量	紧固件牢固，无裂痕、变形
	（8）地网接地电阻值测量	用接地电阻测试仪测量地网接地电阻	接地电阻值符合维护标准

15.4 故障（障碍）处理

15.4.1 故障（障碍）处理流程

见 22.2“通信设备故障（障碍）处理流程图”。

15.4.2 故障（障碍）处理原则

设备发生故障时，应遵循“先抢通、后修复”的基本原则。

15.4.3 故障（障碍）处理思路

当发生综合防雷设施故障（障碍）时，用观察、测试等方法，从防雷单元、接闪器、引下线等连接线分析可能原因，做出较为正确的判断，有方向、有目的地迅速处理故障。

15.4.4 故障（障碍）定位和分析处理

1. 因防雷单元故障（障碍）引起的故障

处理方法：

① 通过察看指示灯（窗）显示，判断防雷单元运行状态；

② 如果损坏，则进行更换或旁路处理；

③ 如果因接触不良造成故障，则进行重插、紧固。

2. 接闪器故障（障碍）引起的故障

处理方法：

① 检查避雷针，判断其运行状态；

② 如果避雷针（带）安装不良，则及时进行重装；

③ 如果避雷针（带）损坏，则及时进行维修、更换。

3. 引下线等连接线引起的故障

处理方法：由于引下线等连接线断裂、连接不良造成故障时，应及时进行紧固、焊接、更换。

4. 接地装置原因引起的故障

处理方法：及时进行接地装置综合整治。

16 无线列调设备

16.1 维护作业安全要求

无线列调设备维护作业安全要求如表 16.1 所示。

表 16.1 无线列调设备维护作业安全要求

<table>
<tr><td>设备描述</td><td>无线列调设备用于铁路运输作业中指令的传递和通话联系，是无线技术在铁路运输作业中的重要运用，是提高作业效率、保障作业安全、改善作业人员劳动条件的一项重要措施</td><td>设备写真</td><td>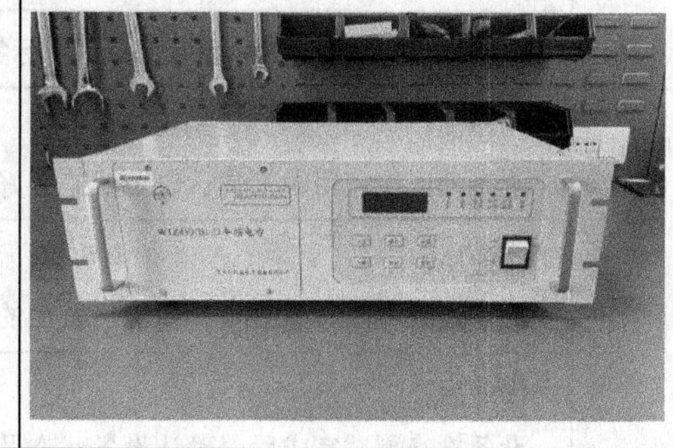</td></tr>
<tr><td rowspan="2">工具仪表</td><td colspan="3">工具：毛刷、清洁工具、尼龙绑扎带、绝缘胶布、手电、组合工具等</td></tr>
<tr><td colspan="3">仪表：数字万用表、通过式功率计、便携式场强仪、天馈测试仪、手持试验电台等</td></tr>
<tr><td rowspan="5">安全操作事项</td><td colspan="3">（1）作业前，工长负责组织、制定安全防范措施，并落实实施；工作人员按规定佩戴和使用个人防护用品</td></tr>
<tr><td colspan="3">（2）横越线路时应执行“一站、二看、三确认、四通过”制度</td></tr>
<tr><td colspan="3">（3）在区间行走时应走路肩；在道床上行走或工作时，应不断前后瞭望；在复线区间行走或工作时，应逆列车运行方向行走，并不断前后瞭望，禁止在邻线或两线中间躲避列车</td></tr>
<tr><td colspan="3">（4）冬季作业时，所戴防寒帽应有耳孔，作业时耳孔必须外露；遇到冰雪等恶劣天气，应避免滑倒摔伤</td></tr>
<tr><td colspan="3">（5）在桥梁上、隧道内行走时，要熟悉避车台、避车洞位置，遇到来往列车时要及时下道避车，注意避开盖板缺损处、桥梁伸缩缝及锯齿孔、接触网支柱及拉线，防止绊倒及坠落伤害</td></tr>
</table>

续表

安全操作事项	（6）在铁塔及电杆上作业时，应系安全带、戴安全帽，不得上下抛递工具和材料，杆塔下 2 m 范围内不得有人停留和随意通过，并设专人防护
	（7）天线应安装牢固，避免因风吹或受振而倾倒，各接口应正确连接，做好防水，避雷器应接地良好
	（8）在机车车顶作业时，系安全带，戴安全帽，应确认接触网断电、接地，并有专人防护，不得上下抛递工具和材料
	（9）严禁在雷雨、大风等恶劣天气对天线进行安装与维修
	（10）查看设备状态指示灯是否正常
	（11）检修作业时，不得将异物坠入设备机架内部
	（12）清扫有开关的设备表面时，不得碰触开关
	（13）整理缆线时，防止扯拉；布放或拆除缆线时，不得交叉，裸露金属部分应做绝缘处理
	（14）需进行登高作业时，须办理登高手续，经批准后方准作业
	（15）联系网管进行设备监测，确认设备运行正常
	（16）检查台账与实际运用以及运用标签是否一致
安全卡控	作业前： 检查确认作业用的工具、仪表状态良好、齐全
	作业中： 检修过程中应做到细致、精确，发现的问题要及时进行处理
	作业后： 设备检修测试完成后，确认设备状态及业务正常后方可离开

16.2　维护作业流程

16.2.1　车站台维护作业流程

车站台维护作业流程如表 16.2 所示。

表 16.2 车站台维护作业流程

作业前准备	作业内容	（1）组织作业准备会，布置任务，明确分工
		（2）检查着装：作业、防护人员按规定着装
		（3）检查工器具：工具、仪表、防护用具齐全，性能良好
		（4）梳理信息：对作业范围内设备运用相关信息进行梳理
		（5）准备材料：根据作业项目及设备运用情况准备材料
	安全风险卡控	（1）卡控作业人员状态、安全措施、防护人员是否落实到位
		（2）途中对车辆、司机的互控措施是否落实到位
		（3）对工具、仪表、器材的卡控措施是否落实到位
联系登记	作业要求	（1）按照设备维修作业等级进行登销记
		（2）作业人员严格执行“三不动”“三不离”“四不放过”及入室登记等安全制度，在网管监控下按程序进行维护作业
		（3）按计划对维护项目逐项检修，并如实填写检修记录
	作业内容	进入无人值守机房后，首先向网管（调度）汇报，汇报内容包括：部门、姓名、作业内容等，并在《入室登记本》内登记
作业项目	（1）用户访问	
	（2）车站设备检查、清扫	
	（3）各部配线检查、整理	
	（4）天馈线、杆塔巡检	
	（5）车站电台呼叫通话试验	
	（6）交直流电源转换试验	
	（7）车站数据接收解码器检查、功能试验	
	（8）调度命令车站转接器检查、功能试验	
	（9）天馈线整修和驻波比测试	
复查试验销记	作业内容	（1）作业完毕，联系网管确认所有业务正常
		（2）检查工器具，应无遗漏
		（3）清理作业现场，在《入室登记本》内登记后方可离开
	安全风险卡控	（1）卡控登记制度、入室汇报制度是否落实到位
		（2）卡控作业流程、表本填写、防护制度是否落实到位
		（3）卡控销记制度、出室汇报制度、计表数量是否落实到位

续表

作业结束	作业内容	（1）作业人员报告作业完成情况
		（2）工班长总结当日作业情况，对未克服的设备缺点制定下一步整治措施
		（3）在《设备检修记录表》《值班日志》中逐项进行记录
	安全风险卡控	（1）归途中的车辆、司机的互控措施是否落实到位
		（2）若发现问题，卡控问题库管理制度是否落实到位
		（3）卡控问题追踪、问题克服是否落实到位

16.2.2 机车台维护作业流程

机车台维护作业流程如表 16.3 所示。

表 16.3 机车台维护作业流程

作业前准备	作业内容	（1）组织作业准备会，布置任务，明确分工
		（2）检查着装：作业、防护人员按规定着装
		（3）检查工器具：工具、仪表、防护用具齐全，性能良好
		（4）梳理信息：对作业范围内设备运用相关信息进行梳理
		（5）准备材料：根据作业项目及设备运用情况准备材料
	安全风险卡控	（1）卡控作业人员状态、安全措施、防护人员是否落实到位
		（2）行走固定路线、上下机车安全防控措施是否落实到位
		（3）对工具、仪表、器材的卡控措施是否落实到位
作业要求	（1）按照设备维修作业等级进行登销记	
	（2）作业人员严格执行“三不动”“三不离”“四不放过”等安全制度	
	（3）按计划对维护项目逐项检修，并如实填写检修记录	
作业项目	（1）用户访问	
	（2）机车台设备检查、清扫	
	（3）各部配线检查、整理	
	（4）Ⅰ、Ⅱ端司机控制盒与送话器外观检查、接线紧固	
	（5）机车台呼叫通话试验	
	（6）检查录音回放是否正常	
	（7）调度命令机车台功能试验	
	（8）天馈线整修和驻波比测试	

续表

复查试验	作业内容	（1）作业完毕，确认所有业务正常
		（2）检查工器具，应无遗漏
		（3）清理作业现场
	安全风险卡控	卡控作业流程、表本填写、防护制度是否落实到位
作业结束	作业内容	（1）作业人员报告作业完成情况
		（2）工班长总结当日作业情况，对未克服的设备缺点制定下一步整治措施
		（3）在《设备检修记录表》《值班日志》中逐项进行记录
	安全风险卡控	（1）若发现问题，卡控问题库管理制度是否落实到位
		（2）卡控问题追踪、问题克服是否落实到位

16.3 检修作业标准

无线列调设备检修作业标准如表 16.4 所示。

表 16.4 无线列调设备检修作业标准

周期	作业项目	作业内容	质量标准
季度	联系登记	（1）与车站值班员联系，检修作业影响使用时登记要点检修	登记内容字迹清楚，影响范围覆盖准确
		（2）给点后开始检修	
	用户访问	（1）车站台用户访问	设备通话正常，显示正确，无不良反应
		（2）列调便携台用户访问	设备通话正常，按键灵敏，无不良反应
	设备清扫	设备清扫	设备各部位清洁，无灰尘及污渍
	整机检查	（1）外观及配线检查、整理	① 设备完整，无变形、损伤，安装牢固、不晃动； ② 各部位螺丝无松动； ③ 配线牢固、合理、整齐美观，无损伤； ④ 设备标签、铭牌齐全、完好、正确； ⑤ 各插头连接牢固，无松动； ⑥ 车站台主机地线连接牢固

续表

周期	作业项目	作业内容	质量标准
季度	整机检查	（2）天馈系统及铁塔（杆）检查	① 天线方向正确，固定良好，无锈蚀； ② 天馈系统各接头处连接牢固，防水良好； ③ 馈线绑扎合理，受力均匀，无损伤、变形、老化、龟裂、污垢，入室有防水措施，吊索无锈蚀，挂钩均匀； ④ 铁塔（杆）垂直、无倾斜，基础牢固可靠，紧固件无缺损、锈蚀，梯子安装牢固； ⑤ 铁塔（杆）地线焊接良好
		（3）指示灯及显示屏检查	① 各指示灯显示正常，无告警； ② 显示屏显示正确，无缺画
	功能试验	（1）呼叫、通话试验	PTT 按键灵敏可靠，语音清晰
		（2）数据业务试验	车次号接收、调度命令转发正常
		（3）录放音功能试验	录音及回放功能良好
		（4）网管监测	无线网管监测运行正常
年度	特性测试	（1）发射机测试	① 发射功率：$5^{+1.00}_{-0.75}$ W； ② 载波误差：优于$\pm5\times10^{-6}$； ③ 调制灵敏度：由产品标准规定； ④ 调制限制：<5 kHz； ⑤ 调制特性：−3～+1 dB（300～3 000 Hz）； ⑥ 音频失真：≤5%； ⑦ 剩余调频：≤−40 dB
		（2）接收机测试	① 参考灵敏度：≤0.6 μV； ② 音频失真：≤5%（车站台）；≤7%（便携台）； ③ 额定输出功率：0.5～2 W 可调（车站台扬声器），≥0.3 W 可调（便携台）； ④ 调制接收带宽：≥2×5 kHz
		（3）信令测试	① 音频呼叫信号额定频偏：±3 kHz（容差+15%）； ② 亚音频呼叫控制信号频偏：±0.5 kHz（容差+15%）； ③ 信号频率准确度：±0.5%； ④ 音频呼叫信号检出特性：在 6 dB 信纳比、频偏±3 kHz 时，解码器电路工作； ⑤ 亚音频呼叫信号检出特性：在 6 dB 信纳比、频偏±0.5 kHz 时，解码器电路工作

续表

周期	作业项目	作业内容	质量标准
年度	特性测试	（4）调度接口电平	（－10±3）dB
		（5）天馈线、电源及防雷地线测试	① 驻波比：≤1.5； ② 稳压电源输入电压：AC 220 V（1±20%），DC 48 V（1±20%）； ③ 防雷地线接地电阻：≤10 Ω

16.4 故障（障碍）处理

16.4.1 故障（障碍）处理流程

见 22.2“通信设备故障（障碍）处理流程图”。

16.4.2 故障（障碍）处理原则

设备发生故障时，应遵循“先抢通、后修复”的基本原则。

16.4.3 故障（障碍）处理思路

当发生无线列调设备故障（障碍）时，应首先向用户详细询问故障现象、影响范围，使用网管查询设备有无告警信息，从而做到有方向、有目的地迅速处理故障。

故障处理一般应遵循“先简单、后复杂”的思路，不要盲目地着手处理，因为盲目处理漫无目的，不仅影响效率，还可能造成新的故障。

现场常用试验法、测试法、主备用倒换法、替换法进行故障处理。应根据现场实际情况，分析、判断何种原因可能引起该种故障，做出正确的判断，及时找出故障点，快速处理故障。

16.4.4 故障（障碍）处理方法

1. 无线列调电台发生故障

当无线列调电台发生故障时，应根据故障现象判断故障发生在哪一部分，具体如下：

① 首先判断是否由供电电源引起；

② 在确认供电电源正常的基础上，检查电缆、话筒、喇叭等比较容易发生故障的附件，再从电台的显示进行判断；

③ 如果外部设备没有毛病，供电电源也正常，则应检查无线电台主机是否正常。

2. 在无线列调车站电台设备中按下控制盒开关按键，机车电台无反应

此类故障的处理方法如下：

① 检查控制电缆两端连接是否正常；

② 另接一个控制盒以判断是否控制盒故障；

③ 若换一个控制盒设备工作正常，则检查控制盒内部 CN1、CN2 连接是否正常，薄膜面板按键是否损坏；

④ 若换一个控制盒仍不能正常上电，则检查主机内部电源模块的输出经电路板控制继电器后输出是否正常。

3. 无线列调车站电台通话距离不够

此类故障的处理方法如下：

① 使用手持电台与车站电台做通话试验，确认通话良好；

② 使用通过式功率计测试电台的发射功率和驻波比；

③ 如果发射功率不足，应更换主机；

④ 如果发射功率够，但驻波非常大，应重点检查馈线与电台侧接头是否松动或开焊，检查连接头的插针是否有缩进去的现象，如果是插头问题则需要重新制作馈缆接头；

⑤ 如果测试功率够，驻波超标但相对较小，应重点检查室外馈缆是否有外伤或挤压变形，或检查塔上馈缆接头是否插针收缩、开焊或进水；

⑥ 将通过式功率计串接在馈缆与天线间测量天线驻波，如果天线匹配不好，可更换天线。如果在室内、塔上测试驻波无明显问题，应使用场强仪复做场强测试，场强不足说明天线效应下降，应更换天线。

16.4.5 故障（障碍）处理检查判断图

故障（障碍）处理检查判断图如图 16.1 所示。

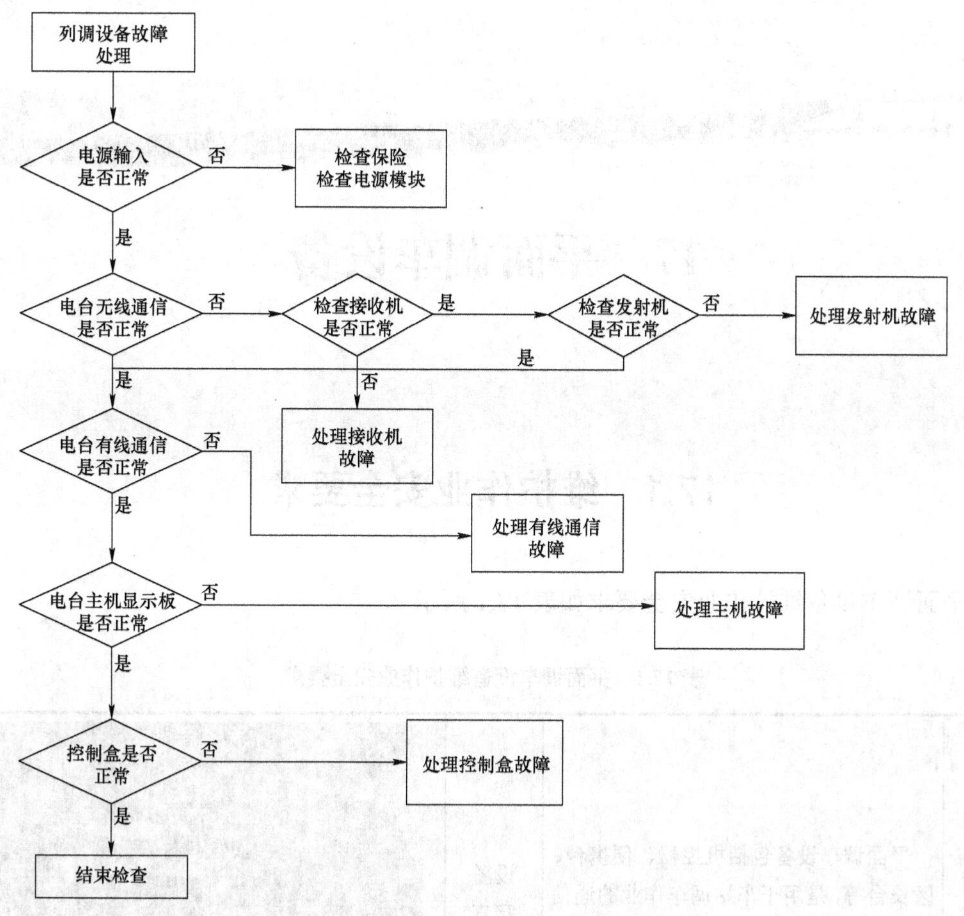

图 16.1　故障（障碍）处理检查判断图

17　平面调车设备

17.1　维护作业安全要求

平面调车设备维护作业安全要求如表 17.1 所示。

表 17.1　平面调车设备维护作业安全要求

<table>
<tr><td>设备描述</td><td>平面调车设备包括机控器、便携台、区长台等，是用于车站调车作业的通信联络设备</td><td>设备写真</td><td></td></tr>
<tr><td rowspan="2">工具仪表</td><td colspan="3">工具：毛刷、清洁工具、尼龙绑扎带、绝缘胶布、手电、组合工具等</td></tr>
<tr><td colspan="3">仪表：数字万用表、通过式功率计、天馈测试仪</td></tr>
<tr><td rowspan="7">安全操作事项</td><td colspan="3">（1）作业前，工长负责组织制定安全防范措施，并落实实施</td></tr>
<tr><td colspan="3">（2）横越线路时应执行“一站、二看、三确认、四通过”制度</td></tr>
<tr><td colspan="3">（3）冬季作业时，所戴防寒帽应有耳孔，作业时耳孔必须外露；遇到冰雪等恶劣天气，应避免滑倒摔伤</td></tr>
<tr><td colspan="3">（4）严禁在有电区进行登顶作业</td></tr>
<tr><td colspan="3">（5）登高作业时要系好安全带，并严格执行高空作业的有关安全制度</td></tr>
<tr><td colspan="3">（6）严禁在机车未停稳时上下机车</td></tr>
<tr><td colspan="3">（7）在机车上作业时，严禁碰触与设备无关部位</td></tr>
</table>

续表

安全卡控	作业前： 检查并确认作业所用的工具、仪表状态良好、齐全
	作业中： 检修过程中，应做到细致、精确，发现的问题要及时进行处理
	作业后： 设备检修测试完成后，确认设备状态及业务正常后方可离开

17.2 维护作业流程

平面调车设备维护作业流程如表 17.2 所示。

表 17.2 平面调车设备维护作业流程

作业前准备	作业内容	（1）组织作业准备会，布置任务，明确分工
		（2）检查着装：作业、防护人员按规定着装
		（3）检查工器具：工具、仪表、防护用具齐全，性能良好
		（4）梳理信息：对作业范围内设备运用相关信息进行梳理
		（5）准备材料：根据作业项目及设备运用情况准备材料
	安全风险卡控	（1）卡控作业人员状态、安全措施、防护人员是否落实到位
		（2）途中对车辆、司机的互控措施是否落实到位
		（3）对工具、仪表、器材的卡控措施是否落实到位
联系登记	作业要求	（1）按照设备维修作业等级进行登销记
		（2）作业人员严格执行“三不动”“三不离”“四不放过”等安全制度
		（3）按计划对维护项目逐项检修，并如实填写检修记录
	作业内容	进入无人值守机房后，首先向网管（调度）汇报，汇报内容包括：部门、姓名、作业内容等，并在《入室登记本》内登记
作业项目	（1）外观及配线检查	
	（2）天馈系统检查	
	（3）特性测试	
	（4）通话试验	
	（5）调车指令试验	
	（6）录音转储	
	（7）调车指令转储	

续表

复查试验销记	（1）作业完毕，上电确认所有功能正常	
	（2）检查工器具，应无遗漏	
	（3）清理作业现场后方可离开	
作业结束	作业内容	（1）作业人员报告作业完成情况
		（2）工班长总结当日作业情况，对未克服的设备缺点制定下一步整治措施
		（3）在《设备检修记录表》《值班日志》中逐项进行记录
	安全风险卡控	（1）归途中的车辆、司机的互控措施是否落实到位
		（2）若发现问题，卡控问题库管理制度是否落实到位
		（3）卡控问题追踪、问题克服是否落实到位

17.3 维护作业标准

平面调车设备维护作业标准如表 17.3 所示。

表 17.3 平面调车设备维护作业标准

序号	作业项目	作业内容	质量标准
1	用户访问	（1）机控器用户访问	设备通话正常，显示正确，无不良反应
		（2）便携台用户访问	设备通话正常，按键灵敏，无不良反应
		（3）区长台用户访问	设备通话及扫描功能正常，按键灵敏，无不良反应
2	设备清扫	设备清扫	设备各部位清洁，无灰尘、污渍
3	整机检查	（1）外观及配线检查	① 设备完整，无变形、损伤，安装牢固、不晃动； ② 各部位螺丝无松动； ③ 配线牢固合理，整齐美观，无损伤； ④ 设备标签、铭牌齐全、完好、正确； ⑤ 各插头连接牢固，无松动
		（2）天馈系统检查	① 天线固定良好，无锈蚀； ② 天馈系统各接头处连接牢固，防水良好； ③ 馈线绑扎合理，受力均匀，无损伤，无变形
		（3）指示灯检查	各指示灯显示正常

续表

序号	作业项目	作业内容	质量标准
4	特性测试	（1）发射机测试	① 载波发射功率：3～4 W； ② 载波频率容差：±0.5 kHz； ③ 音频失真：≤7%； ④ 信号准确度：±0.5%； ⑤ 信号频偏：±0.5 kHz； ⑥ 调制灵敏度：由产品标准规定
		（2）接收机测试	① 参考灵敏度：≤－117 dBm； ② 音频输出功率：≥0.4 W； ③ 音频失真：≤10%； ④ 静噪开启灵敏度：≤0.25 μV
		（3）天馈线、电源及防雷地线测试	① 驻波比：≤1.5； ② 电源输入电压范围：AC 220 V（1±20%），采用电池供电时输入电压为电池标称电压的±15%； ③ 防雷地线接地电阻：≤10 Ω
5	功能试验	（1）通话试验	PTT 按键灵敏可靠，语音清晰
		（2）调车指令试验	① 各指令及语音提示准确，反应灵敏； ② 指令输出（至监控）正确
		（3）录音转储	录音、转储功能良好
		（4）调车指令转储	指令记录、转储功能良好
6	结束作业	（1）复查	① 设备状态良好，无异状； ② 主机门关闭严密
		（2）填写检修记录	记录填写真实、完整、准确、清楚
		（3）会签	会同用户确认设备状态良好，双方签认
		（4）检查工具、材料	工具、材料齐全，无遗漏

17.4　故障（障碍）处理

17.4.1　故障（障碍）处理流程

① 平面调车设备故障一般由现场作业人员报告。

② 工区人员接到故障申报后问清故障现象，如需现场处理，及时带齐工具，赶赴现场处理。

③ 如果现场有替换设备，应先使用备用设备进行作业。

17.4.2 故障处理原则

优先使用车站备品进行替换，保证现场作业安全。

17.4.3 故障处理思路

① 当发生平面调车设备故障（障碍）时，应先对申报故障的用户详细询问故障现象、影响范围，从而做到有方向、有目的地迅速处理故障。

② 故障处理一般应遵循“先替换、后处理”的思路，不要盲目处理，因为盲目处理漫无目的，不仅影响效率，还可能造成新的故障。

③ 现场常用试验法、测试法、主备用倒换法、替换法进行故障处理。根据现场实际情况，分析、判断何种原因可能引起该种故障，做出正确的判断，及时找出故障点，快速处理故障。

17.4.4 故障（障碍）定位和分析处理

1. 便携台故障

1）故障 1

故障现象：开机不报调号但电台自检正常。

处理方法：

① 查看电台内参数设置是否正常；

② 查看 JP101、JP102 连接情况；

③ 更换 OB 板；

④ 更换电台。

2）故障 2

故障现象：通话正常，但不能发送调车指令或指令无效。

处理方法：

① 查看调号是否与机控器一致；

② 查看电台内参数设置是否正常；

③ 查看 JP101、JP102 连接情况；

④ 更换 OB 板；

⑤ 更换电台。

3）故障 3

故障现象：调车指令正常但无法通话。

处理方法：

① 查看电台呼叫 ID 是否与机控器一致；

② 更换外壳；

③ 查看 JP101、JP102 连接情况；

④ 更换 OB 板；

⑤ 更换电台。

2. 机控器故障

1）故障 1

故障现象：通电无反应。

处理方法：

① 查看控制板上电源是否有 7.8 V 电压；

② 查看 J10 上是否有 7.8 V 电压；

③ 查看 POWST 红色指示灯是否点亮；

④ 更换控制板。

2）故障 2

故障现象：开机不能与内置电台建联。

处理方法：

① 查看音频数据接口是否接触良好；

② 查看控制板上插头及连线情况；

③ 更换 OB 板；

④ 更换控制板；

⑤ 更换内置电台。

3）故障 3

故障现象：能通话但是不能接收调车指令。

处理方法：

① 查看音频数据接口是否接触良好；

② 查看控制板上插头及连线情况；

③ 更换 OB 板；

④ 更换控制板；

⑤ 更换内置电台。

4）故障 4

故障现象：能接收指令但不能通话。

处理方法：

① 查看送话器或应急麦克；

② 查看主板上 J6 或 J3 连线；

③ 查看内置电台呼叫 ID 是否一致；
④ 查看音频数据接口是否接触良好；
⑤ 查看控制板上的插头及连线情况；
⑥ 更换 OB 板；
⑦ 更换控制板；
⑧ 更换内置电台。

5）故障 5

故障现象：指令语音正常，通话时扬声器无声。

处理方法：

① 查看内置电台呼叫 ID 是否一致；
② 查看音频数据接口是否接触良好；
③ 查看控制板上插头及连线情况；
④ 更换 OB 板；
⑤ 更换控制板；
⑥ 更换内置电台。

6）故障 6

故障现象：录音指示灯不亮，不能正常录音及下载。

处理方法：

① 查看录音指示灯、USB 接口连线；
② 查看主板上 J5、J7 连接是否良好；
③ 查看主板上 MCUST 指示灯点亮情况；
④ 更换控制板。

7）故障 7

故障现象：能接收调车指令，不能接收强插指令。

处理方法：

① 查看机控器内电台对讲机 ID 是否与调车台对讲机 ID 相同（正常为不相同）；

② 查看内置电台发射机设置是否将“允许中断”选中，并且将“呼叫条件”设置为发射中断。

8）故障 8

故障现象：收发距离过近。

处理方法：

① 查看天线转换头或本机天线是否良好；
② 查看室外天馈线；
③ 查看内置电台。

9）故障 9

故障现象：灯光显示、指令语音回示正常，但本机扬声器无声。

处理方法：

① 检查扬声器直流阻抗是否为 8 Ω；

② 检查主板上 J11 插头及连线插接情况；

③ 更换控制板。

10）故障 10

故障现象：指令回示语音正常，但对应灯显不亮。

处理方法：

① 检查灯显连接插头线是否良好；

② 查看插座定义表，测量相应灯显插座直流电压，应为 0 V；

③ 更换控制板。

11）故障 11

故障现象：调车指令运记编码输出不正确。

处理方法：

① 检查机壳后方监控接口及连接线是否良好；

② 更换控制板。

3. 区长台故障

1）故障 1

故障现象：无 13.6 V 电源。

处理方法：

① 查看 5 A/250 V 保险丝；

② 查看电源模块 13.6 V 输出；

③ 更换电源模块。

2）故障 2

故障现象：收发距离近。

处理方法：

① 查看后面板天线座及接头插接情况；

② 查看机壳内天线座与车台天线连接口；

③ 查看室外天馈线；

④ 查看车载台。

3）故障 3

故障现象：能通话但不能接收呼叫指令。

处理方法：

① 查看车载台内 OB 板数据连接线；

② 更换 OB 板。

4）故障 4

故障现象：能接收呼叫指令但不能通话。

处理方法：

① 查看送话器；

② 查看收发频率；

③ 查看呼叫 ID 码；

④ 查看车载台。

5）故障 5

故障现象：录音指示灯不亮，不能录音及下载。

处理方法：

① 查看 13.6 V 电源是否进入录音板 J1；

② 查看录音指示灯 USB 接口连接状况；

③ 查看录音板上 J3 信号连接情况；

④ 更换录音板。

18 无线通信中继设备

18.1 维护作业安全要求

无线通信中继设备维护作业安全要求如表 18.1 所示。

表 18.1 无线通信中继设备维护作业安全要求

<table>
<tr><td>设备描述</td><td>无线通信中继设备用于无线信号的中继、放大、传播和接收，以便延伸无线网络的覆盖范围。
无线通信中继设备维护工作应确保设备运行可靠，车机联控通信、无线调度命令通信传输畅通</td><td>设备写真</td><td>
</td></tr>
<tr><td rowspan="2">工具仪表</td><td colspan="3">工具：毛刷、清洁工具、尼龙绑扎带、绝缘胶布、手电、组合工具等</td></tr>
<tr><td colspan="3">仪表：数字万用表、光功率计、通过式功率计、便携式场强仪、天馈测试仪、接地电阻测试仪、手持试验电台等</td></tr>
<tr><td rowspan="5">安全操作事项</td><td colspan="3">（1）作业前，工长负责组织制定安全防范措施，并落实实施</td></tr>
<tr><td colspan="3">（2）区间作业必须安排在天窗点内进行；作业前按要求联系登记要点，设置驻站联络员；区间作业时，应一人作业一人防护，驻站联络员与防护员执行定时通信联系制度</td></tr>
<tr><td colspan="3">（3）横越线路时，应执行“一站、二看、三确认、四通过”制度</td></tr>
<tr><td colspan="3">（4）在区间行走时应走路肩；在道床上行走或工作时，应不断前后瞭望；在复线区间行走或工作时，应逆列车运行方向行走，并不断前后瞭望，禁止在邻线或两线中间躲避列车</td></tr>
<tr><td colspan="3">（5）冬季作业时，所戴防寒帽应有耳孔，作业时耳孔必须外露；遇到冰雪等恶劣天气，应避免滑倒摔伤</td></tr>
</table>

续表

安全操作事项	（6）在桥梁上、隧道内行走时，要熟悉避车台、避车洞位置，遇到来往列车及时下道避车；注意避开盖板缺损处、桥梁伸缩缝及锯齿孔，避免与接触网支柱及拉线接触，防止绊倒，坠落伤害
	（7）查看设备状态指示灯是否正常
	（8）检修作业时，不得将异物坠入设备机架内部
	（9）清扫有开关的设备表面时，不得碰触开关
	（10）整理缆线时，应防止扯拉；布放或拆除缆线时，不得交叉，裸露金属部分应做绝缘处理
	（11）需进行登高作业时，须办理登高手续，经批准后方准作业
	（12）联系网管进行监测，确认设备运行正常
	（13）检查台账与实际运用以及运用标签是否一致
安全卡控	**作业前：** （1）检查确认作业所用工具、仪表状态良好、齐全； （2）作业前，作业联络人应与驻站联系人互试通信联络工具，确定作业地点及作业内容
	作业中： （1）车站防护员随时与驻站联系人进行联络，确保通信畅通，当联系中断时车站防护员应立即通知作业负责人停止作业，下道避车； （2）车站防护员根据区间行车情况，随时向现场作业人员反馈行车信息，现场作业人员必须进行复述确认； （3）检修过程中，应做到细致、精确，发现问题应及时进行处理
	作业后： 设备检修、测试完成后，确认设备状态及业务正常后方可离开

18.2 维护作业流程

无线通信中继设备维护作业流程如表18.2所示。

表18.2 无线通信中继设备维护作业流程

作业前准备	作业内容	（1）组织作业准备会，布置任务，明确分工
		（2）检查着装：作业、防护人员按规定着装
		（3）检查工器具：工具、仪表、防护用具齐全，性能良好
		（4）梳理信息：对作业范围内设备运用相关信息进行梳理
		（5）准备材料：根据作业项目及设备运用情况准备材料

续表

作业前准备	安全风险卡控	（1）卡控作业人员状态、安全措施、防护人员是否落实到位
		（2）途中对车辆、司机的互控措施是否落实到位
		（3）对工具、仪表、器材的卡控措施是否落实到位
联系登记	作业要求	（1）按照设备维修作业等级进行登销记
		（2）作业人员严格执行“三不动”“三不离”“四不放过”及入室登记等安全制度，在网管监控下按程序进行维护作业
		（3）按计划对维护项目逐项检修，并如实填写检修记录
	作业内容	进入无人值守机房后，首先向网管（调度）汇报，汇报内容包括：部门、姓名、作业内容等，并在《入室登记本》内登记
作业项目	（1）直放站光层部分检修	
	（2）漏缆、天线检修	
	（3）蓄电池、电源检修	
	（4）直放站射频部分检修	
	（5）防护附属设施维修	
复查试验销记	作业内容	（1）作业完毕，联系网管确认所有业务正常
		（2）检查工器具，应无遗漏
		（3）清理作业现场，在《入室登记本》内登记后方可离开
	安全风险卡控	（1）卡控登记制度、入室汇报制度是否落实到位
		（2）卡控作业流程、表本填写、防护制度是否落实到位
		（3）卡控销记制度、出室汇报制度、计表数量是否落实到位
作业结束	作业内容	（1）作业人员报告作业完成情况
		（2）工班长总结当日作业情况，对未克服的设备缺点制定下一步整治措施
		（3）在《设备检修记录表》《值班日志》中逐项进行记录
	安全风险卡控	（1）归途中的车辆、司机的互控措施是否落实到位
		（2）若发现问题，卡控问题库管理制度是否落实到位
		（3）卡控问题追踪、问题克服是否落实到位

18.3 维护作业标准

18.3.1 巡检作业

无线通信中继设备巡检作业标准如表 18.3 所示。

表 18.3 无线通信中继设备巡检作业标准

序号	巡检项目	巡检方法	标准及要求
1	房屋、设备运行	（1）巡视检查房屋及周围情况	房屋（三防机柜）基础牢固，无沉降
		（2）查看门窗密封情况，进行室内环境巡检	室内无漏水、返潮，无虫害
2	设备外观状态巡检	（1）巡检机柜、设备安装牢固情况	机柜、设备安装牢固，无倾斜；
		（2）检查设备机柜门锁扣	设备机柜门锁扣安装良好，开关灵活
		（3）检查设备机架、面板是否清洁	设备机架、面板清洁，无污垢、积尘
3	设备运行状态巡检	（1）设备运行状态查看 （2）设备状态指示灯查看 （3）告警信息检查	① 设备状态正常，显示正常； ② 无告警信息
4	线缆连接状态巡检	（1）检查各部连接线缆，各部接头紧固状态	① 线缆整齐合理，无破损； ② 连接良好，接头无松动； ③ 线缆弯曲半径符合标准
		（2）检查标识、标牌	标签齐全、准确，无脱落、缺失
5	供电设备检查	交流引入配电箱、电源防雷箱巡检	① 交流引入两路电正常； ② 电源防雷箱正常，防雷模块无告警
6	蓄电池检查	检查设备供电蓄电池	蓄电池外观良好，无破损渗漏，无膨胀变形
7	光缆引入等设备检查	检查光缆引入设备	① 光缆引入无外露； ② 光纤收容箱安装牢固； ③ 光纤盘整齐

续表

序号	巡检项目	巡检方法	标准及要求
8	呼叫通话功能试验	进行异频呼叫通话试验及列尾转发功能通话试验	① 异频呼叫时，被呼叫准确无误，送受话音清晰、无断续； ② 列尾转发功能通话试验正常，送受话音清晰、无断续
9	设备状态查询、检查	通知网管对设备状态进行查询、检查	网管监测设备状态正常，无告警后方可离开

18.3.2 检修作业

无线通信中继设备检修作业标准如表 18.4 所示。

表 18.4 无线通信中继设备检修作业标准

周期	检修项目	检修方法	标准及要求
实时	（1）网管巡视：告警实时监控、分析、处理	用网管查看设备工作状态、告警信息	设备出现问题后，及时确认告警信息，并分析、通知、组织相关工区处理，直到设备恢复
季	（2）网管维护、终端检查	（1）用毛刷、吹风鼓风机、电吹风机等工具进行内外部清扫、除尘	设备内外部无积尘、浮灰
		（2）在本端查看终端运行状态，若发现异常及时处理	工作指示灯显示正常，无异常
		（3）系统查看配合地面设备检修，对设备指标进行查看、测试、调整	设备指标测试、调整等功能正常
	（3）设备巡视，房屋、设备状态检查	（1）查看设备运行状态、指示灯显示	设备运行状态正常，无告警
		（2）检查各部件、连接线缆，确认其完好，发现不良处则及时整修更换	① 整机内外部清洁、整齐，无污垢，安装牢固，螺丝、螺母齐全，紧固良好； ② 指示灯安装牢固、表示正确，各种电表指针灵活、动作正确
		（3）巡视检查房屋及周围情况	房屋（三防机柜）基础牢固，无沉降，无漏水，无返潮

续表

周期	检修项目	检修方法	标准及要求
季	(4)各部连接线缆检查、整理，标签核对、补充	（1）检查各部连接线缆及接头	各部缆线连接正确、紧固，无破损，无背扣、老化、龟裂，线缆整齐平直
		（2）标签核对、补充	线缆两端标志清楚、正确，标签齐全、准确，格式统一
	（5）卫生清扫	各部清扫、除尘	① 机柜及设备各部清洁、整齐，无污垢，无浮灰； ② 禁止用酒精、汽油等擦拭设备； ③ 作业人员不得误动设备开关
	(6)供电设备检查、测试及交直流转换试验	（1）测试设备输入电压	设备输入电压 AC 220 V（1±20%）
		（2）关闭交流电源开关，并进行交直流转换试验	交直流转换正常、快速，当关断外部电源时设备能够正常工作
	（7）蓄电池检查、电压测试	（1）检查设备供电蓄电池	蓄电池外观良好，无破损、渗漏，无膨胀、变形
		（2）蓄电池充放电电压测试	充电电压：DC 12～13.5 V，放电保护电压：DC 10.2 V
	(8)功分器、避雷器检查	（1）外观检查	① 功分器、避雷器性能良好，无击穿短路、断路，接头连接良好、安装紧固； ② 避雷器地线连接良好
		（2）用万用表进行检查、测试	容量符合规定
	(9)光缆引入等设备检查、收发光功率测试	（1）检查光缆引入等设备	光缆引入无外露，光纤收容箱安装牢固，光纤盘留整齐
		（2）收发光功率结合网管进行在线测试	使用专用仪表（光功率计）测试，应符合要求
		（3）使用光功率计测试主备收发光功率	发射光功率≥0 dBm，光接收灵敏度≥－16 dBm
	（10）射频载波输出功率、天馈线驻波比测试	使用通过式功率计进行测试	① 射频载波输出功率在异频时为 $5^{+1.00}_{-0.75}$ W； ② 天线驻波比≤1.5

续表

周期	检修项目	检修方法	标准及要求
季	（11）呼叫通话功能试验	进行异频呼叫通话试验、列尾转发功能通话试验	① 异频呼叫时，被呼叫准确无误，送受话音清晰、无断续； ② 列尾转发功能通话试验正常，送受话音清晰、无断续
	（12）网管监测试验	通知网管对设备状态进行查询监测	网管监测设备状态正常，无告警后方可离开
年	（13）地线测试整修（在雷雨季前进行）	用接地电阻测试仪对机房周围的接地体进行地线测试	① 通信设备的接地电阻应不大于4 Ω； ② 设备的防雷接地电阻应小于10 Ω
	（14）备用光纤测试	（1）使用光纤清洁剂对光纤通道中的接头和法兰头进行清洗、除污	设备清洁
		（2）进行备用光纤通道测试、倒换试验	光纤衰耗正常，远端机光接收灵敏度≥－16 dBm，倒换正常
	（15）房屋、护网、平台基础加固整治	每年春天检查一次，发现不良的及时整修、加固	① 房屋基础牢固、无沉降，屋顶及房屋周边排水良好，散水无破损，屋内无漏水、返潮； ② 三防机柜平台基础牢固、无沉降，混凝土无裂缝、酥松； ③ 护网安装牢固，无破损、缺失
	（16）蓄电池检查、测试、更换	用仪表进行检查、测试，发现不良的及时更换	① 蓄电池外观良好，无破损、渗漏，无膨胀、变形，槽、盖未出现爬酸现象或破裂渗漏电解液； ② 蓄电池放电试验，容量符合规定

18.4 故障（障碍）处理

18.4.1 故障（障碍）处理流程

见 22.2“通信设备故障（障碍）处理流程图”。

18.4.2 故障处理原则

① 先车站后区间：在处理故障时，我们要先排除车站的可能原因，然后进行区间设备故障检查处理。

② 先光路后电路：先排除光缆断纤、光分路器故障等光路的可能原因，然后进行设备电路故障检查处理。

③ 先室内后室外：先检查室内设备、室内天馈连接易损件等，然后进行室外天馈、漏缆检查处理。

18.4.3 故障处理思路

进行故障处理时，应首先对申报故障的用户详细询问故障现象、影响范围（上下行区间、单一处所），用网管查询设备有无告警信息，从而做到有方向、有目的地迅速处理故障。

故障处理一般应遵循“先车站、后区间，先光路、后电路，先室内、后室外”的思路，不要盲目处理，因为盲目处理漫无目的，不仅影响效率，还可能造成新的故障。故障处理思路如下：

① 首先判断是近端机下挂的远端机全部发生故障还是区间单一处远端机设备故障；

② 当近端机下挂的远端机全部发生故障时，应先排查车站近端机、光分路器、耦合器等附件；

③ 当区间单一处设备故障时，先排查区间远端机设备。

进行远端机设备故障处理时，根据设备监测模块的告警信息，结合网管告警信息，用手持台进行呼叫通话试验，用仪表测试设备输出功率、天线驻波比，判断是设备故障还是天馈系统故障。常用试验法、测试法、主备用倒换法、替换法进行故障处理，一般根据现场实际情况，分析、判断何种原因可能引起该种故障，做出正确的判断，及时找出故障点，快速处理故障。

18.4.4 故障（障碍）定位和分析处理

1. 光路故障

① 光接头接触不良或连接光纤断：光接头清洁、紧固，更换连接光纤。

② 光模块故障：当光模块没有光功率发射或接收不到光功率时，则须更换光模块。

③ 光分路器损坏：若光分路器没有光功率发射或接收不到光功率、衰减大，则须调整、更换光分路器。

④ 光缆断：对近端机（光分路器）、远端机光模块进行光功率测试，若设备正常，就可以判断光缆存在故障。

2. 电源故障

① 交流电源无输入：依次检查交流配电箱、交流隔离器箱、设备输入端的供电空开，依次测试电源电压，确定故障点，恢复供电。

② 电源保险丝烧断：更换保险丝，规格为2 A。

③ 电源控制板故障：用万用表检查输入输出端电压是否正常，必要时更换控制板。

④ 电源模块故障：更换电源模块。

⑤ 电源插座、电源线断：检查电源插座是否接触良好，若电源线断裂，则须更换。

3. 上行通信故障

① 上行功放低噪声放大器模块电源故障：检查处理电源模块、电源连接线。

② 上行低噪声放大器损坏：更换上行低噪声放大器模块。

③ 连接线缆断：更换连接线缆。

4. 下行通信故障

① 下行功放模块电源故障：检查处理电源模块、电源连接线。

② 下行功放模块损坏：更换下行功放模块。

③ 连接线缆断：更换连接线缆。

5. 通信连接故障

① 监测模块电源故障：检查处理电源模块、电源连接线。

② 设备地址码与网管不一致或监测模块损坏：重新设置设备地址码，更换损坏的监测功放模块。

③ 接头连接不良或连接线缆断：紧固模块连接接头，更换断掉的连接线缆。

19 漏泄电缆及天馈线

19.1 维护作业安全要求

漏泄电缆及天馈线维护作业安全要求如表 19.1 所示。

表 19.1 漏泄电缆及天馈线维护作业安全要求

设备描述	漏泄电缆及天馈线用于无线信号的传播和接收，其作用是延伸无线网络的覆盖范围。应定期对漏泄电缆及天馈线进行巡视检修，确保无线场强覆盖良好	设备写真	
工具仪表	**工具**：绝缘防水胶布、组合工具、漏缆专用工具等		
	仪表：数字万用表、通过式功率计、便携式场强仪、天馈测试仪、手持试验电台、兆欧表、接地电阻测试仪等		
安全操作事项	（1）作业前，工长负责组织制定安全防范措施，并落实实施		
	（2）作业必须安排在天窗点内进行，作业前按要求联系登记要点，设置驻站联络员，区间作业时应一人作业一人防护，驻站联络员与防护员执行定时通信联系制度		
	（3）横越线路时应执行“一站、二看、三确认、四通过”制度		
	（4）在区间行走时应走路肩；在道床上行走或工作时，应不断前后瞭望；在复线区间应逆列车运行方向行走，并不断前后瞭望，禁止在邻线或两线中间躲避列车		
	（5）冬季作业时，所戴防寒帽应有耳孔，作业时耳孔必须外露；遇到冰雪等恶劣天气，应避免滑倒摔伤		

续表

安全操作事项	（6）在桥梁上、隧道内行走时，要熟悉避车台、避车洞位置，遇到来往列车及时下道避车；注意避开盖板缺损处、桥梁伸缩缝及锯齿孔、接触网支柱及拉线，防止绊倒，坠落伤害
	（7）登高作业时，须办理登高手续，经批准后方准作业
	（8）检查台账与实际运用以及运用标签是否一致
安全卡控	**作业前：** （1）明确人员分工、作业时间、作业地点和关键事项，以及针对当日作业特点布置的安全注意事项； （2）作业联络人应与驻站联系人互试通信联络工具，确定作业地点及内容
	作业中： （1）车站防护员随时与驻站联络员进行联络，确保通信畅通；一旦联系中断，现场防护员应立即通知作业负责人停止作业，立即下道避车； （2）车站防护员根据区间行车情况随时向现场作业人员反馈行车信息，现场作业人员必须进行复述确认； （3）按计划维护项目逐项检修，并如实填写检修记录
	作业后： 作业完毕，确认设备使用正常；检查工具仪表，应无遗漏；清理现场

19.2 维护作业流程

漏泄电缆及天馈线维护作业流程如表 19.2 所示。

表 19.2 漏泄电缆及天馈线维护作业流程

作业前准备	作业内容	（1）组织作业准备会，布置任务，明确分工
		（2）检查着装：作业、防护人员按规定着装
		（3）检查工器具：工具、仪表、防护用具齐全，性能良好
		（4）梳理信息：对作业范围内设备运用相关信息进行梳理
		（5）准备材料：根据作业项目及设备运用情况准备材料
	安全风险卡控	（1）卡控作业人员状态、安全措施、防护人员是否到位
		（2）途中对车辆、司机的互控措施是否落实到位
		（3）对工具、仪表、器材的卡控措施是否到位

续表

<table>
<tr><td rowspan="4">联系登记</td><td rowspan="3">作业要求</td><td>（1）按照设备维修作业等级进行登销记</td></tr>
<tr><td>（2）作业人员严格执行“三不动”“三不离”“四不放过”及入室登记等安全制度，在网管监控下按程序进行维护作业</td></tr>
<tr><td>（3）按计划对维护项目逐项检修，并如实填写检修记录</td></tr>
<tr><td>作业内容</td><td>进入无人值守机房后，首先向网管（调度）汇报，汇报内容包括：部门、姓名、作业内容等，并在《入室登记本》内登记</td></tr>
<tr><td rowspan="2">作业项目</td><td colspan="2">（1）天馈线、杆塔外观检查</td></tr>
<tr><td colspan="2">（2）漏缆径路检查</td></tr>
<tr><td rowspan="6">复查
试验销记</td><td rowspan="3">作业内容</td><td>（1）作业完毕，联系网管确认所有业务正常</td></tr>
<tr><td>（2）检查工器具无遗漏</td></tr>
<tr><td>（3）清理作业现场，在《入室登记本》内登记后方可离开</td></tr>
<tr><td rowspan="3">安全风险
卡控</td><td>（1）卡控登记制度、入室汇报制度是否落实到位</td></tr>
<tr><td>（2）卡控作业流程、表本填写、防护制度是否落实到位</td></tr>
<tr><td>（3）卡控销记制度、出室汇报制度、计表数量是否落实到位</td></tr>
<tr><td rowspan="6">作业结束</td><td rowspan="3">作业内容</td><td>（1）作业人员报告作业完成情况</td></tr>
<tr><td>（2）工班长总结当日作业情况，对未克服的设备缺点制定下一步整治措施</td></tr>
<tr><td>（3）在《设备检修记录表》《值班日志》中逐项进行记录</td></tr>
<tr><td rowspan="3">安全
风险卡控</td><td>（1）归途中的车辆、司机的互控措施是否落实到位</td></tr>
<tr><td>（2）若发现问题，卡控问题库管理制度是否落实到位</td></tr>
<tr><td>（3）卡控问题追踪、问题克服是否落实到位</td></tr>
</table>

19.3 维护作业标准

19.3.1 巡检作业

漏泄电缆及天馈线巡检作业标准如表 19.3 所示。

表 19.3 漏泄电缆及天馈线巡检作业标准

序号	巡检项目	巡检方法	标准及要求
1	天馈线、杆塔外观检查	（1）检查巡视时，目测或使用望远镜观察 （2）由下而上检查天馈线是否有破损变形、振子安装垂度有无明显偏差，吊索缆线是否悬挂杂物	① 天线外观、强度符合要求； ② 安装牢固，螺丝卡具无锈蚀，无缺损； ③ 接头紧固，无脱落； ④ 馈线无破损，架空引入应平直，吊索无锈蚀，吊挂牢固，挂钩均匀； ⑤ 步杆钉、天线支架无锈蚀，油饰良好
2	漏缆径路检查	（1）徒步巡视、车巡 （2）检查漏缆径路	① 漏泄电缆吊挂平直，吊挂件间距均匀、牢固可靠； ② 承力索、支架、吊夹齐全，无锈蚀，无脱落；螺丝不松动，垂度符合要求； ③ 漏缆接头安装牢固可靠，防水胶带完好、无开裂； ④ 漏缆上无悬挂杂物

19.3.2 检修作业

漏泄电缆及天馈线检修作业标准如表 19.4 所示。

表 19.4 漏泄电缆及天馈线检修作业标准

周期	检修项目	检修方法	标准及要求
月	（1）天馈线、杆塔外观检查	（1）检查巡视时，目测或使用望远镜观察 （2）由下而上检查天馈线是否有破损变形、振子安装垂度有无明显偏差，吊索缆线是否悬挂杂物	① 天线外观强度符合要求； ② 安装牢固，螺丝卡具无锈蚀，无缺损； ③ 接头紧固，无脱落； ④ 馈线无破损，架空引入应平直，吊索无锈蚀，吊挂牢固，挂钩均匀； ⑤ 步杆钉、天线支架无锈蚀，油饰良好
	（2）漏缆径路检查	（1）徒步巡视、车巡 （2）漏缆径路检查	① 漏泄电缆吊挂平直，吊挂件间距均匀，牢固可靠； ② 承力索、支架、吊夹齐全，无锈蚀，无脱落，螺丝不松动，垂度符合要求； ③ 漏缆接头安装牢固可靠，防水胶带完好，无开裂； ④ 漏缆上无悬挂杂物

续表

周期	检修项目	检修方法	标准及要求
半年	（3）接头检查	检查巡视，目测或使用望远镜观察	符合《铁路通信维护规则》规定标准
	（4）天馈线、杆塔紧固件检查	检查巡视，目测或使用望远镜观察	符合《铁路通信维护规则》规定标准
	（5）天线俯仰角、方位角检查、测试	检查巡视，目测或使用望远镜观察	符合《铁路通信维护规则》规定标准
	（6）天馈线密封、强度检查	检查巡视，目测或使用望远镜观察	符合《铁路通信维护规则》规定标准
年	（7）天馈线驻波比测试	仪器仪表测试	符合《铁路通信维护规则》规定标准
	（8）漏缆直流环组、内外导体绝缘电阻测试，接头检查、整修及更换	仪器仪表测试	符合《铁路通信维护规则》规定标准
	（9）漏缆驻波比测试	仪器仪表测试	符合《铁路通信维护规则》规定标准
	（10）漏缆吊挂件、吊线、固定件检查	检查巡视，目测或使用望远镜观察	符合《铁路通信维护规则》规定标准

20 铁　　塔

20.1 维护作业安全要求

铁塔维护作业安全要求如表 20.1 所示。

表 20.1 铁塔维护作业安全要求

设备描述	铁塔是铁路通信网重要的配套设备，其维护工作应突出专业特点，确保设备的安全、可靠运行。铁塔作为铁路数字移动通信系统无线网和列车无线调度通信系统天线以及视频监控设施的安装载体，一般由塔体、基础、防雷接地和平台、爬梯、防护网、天线支架等附属设施组成，通常分为钢管塔、角钢塔、单管塔等类型	设备写真	
工具仪表	电子经纬仪、接地电阻测试仪、水准仪、水平尺、定扭矩扳手、普通塞尺、放大镜等		
安全操作事项	（1）对工器具裸露金属部位做绝缘处理		
	（2）作业人员严禁佩戴戒指、手表等金属饰品		
	（3）检修作业时，不得将异物坠入设备内部		
	（4）整理缆线时，防止扯拉，布放或拆除缆线时，不得交叉，裸露金属部分应做绝缘处理		
	（5）从事铁塔、电杆等登高作业的维护人员，应按照相关规定取得国家特种作业操作合格证书后方可上岗作业		

续表

安全操作事项	（6）需要进行登高作业时，须办理登高手续，经批准后方准作业
	（7）在铁塔及电杆上作业时，应系安全带、戴安全帽，不得上下抛递工具和材料，杆塔下 2 m 范围内不得有人停留和随意通过，并设专人防护
	（8）铁塔设备维护作业时，严格执行双人双岗，即一人作业、一人防护的规定；作业时，防止铁塔上物体、绳索、坠物等伤人
	（9）严禁在雷雨、大风等恶劣天气登塔作业
安全卡控	**作业前：** 明确人员分工、作业时间、作业地点和关键事项，以及针对当日作业特点布置的安全注意事项
	作业中： 按计划对维护项目逐项检修，并如实填写检修记录
	作业后： 作业完毕，确认设备使用正常、工具仪表无遗漏，清理现场

20.2　维护作业流程

铁塔维护作业流程如表 20.2 所示。

表 20.2　铁塔维护作业流程

作业前准备	作业内容	（1）组织作业准备会，布置任务，明确分工
		（2）检查着装：作业、防护人员按规定着装
		（3）检查工器具：工具、仪表、防护用具齐全，性能良好
		（4）梳理信息：对作业范围内设备运用相关信息进行梳理
		（5）准备材料：根据作业项目及设备运用情况准备材料
	安全风险卡控	（1）卡控作业人员状态、安全措施、防护人员是否落实到位
		（2）途中对车辆、司机的互控措施是否落实到位
		（3）对工具、仪表、器材的卡控措施是否落实到位
联系登记	作业要求	（1）按照设备维修作业等级进行登销记
		（2）作业人员严格执行“三不动”“三不离”“四不放过”及入室登记等安全制度，在网管监控下按程序进行维护作业
		（3）按计划对维护项目逐项检修，并如实填写检修记录
	作业内容	进入无人值守机房后，首先向网管（调度）汇报，汇报内容包括：部门、姓名、作业内容等，并在《入室登记本》内登记

续表

<table>
<tr><td rowspan="2">作业项目</td><td colspan="2">（1）铁塔检修</td></tr>
<tr><td colspan="2">（2）其他附属设施的检查</td></tr>
<tr><td rowspan="6">复查试验销记</td><td rowspan="3">作业内容</td><td>（1）作业完毕，联系网管确认所有业务正常</td></tr>
<tr><td>（2）检查工器具，应无遗漏</td></tr>
<tr><td>（3）清理作业现场，在《入室登记本》内登记后方可离开</td></tr>
<tr><td rowspan="3">安全风险卡控</td><td>（1）卡控登记制度、入室汇报制度是否落实到位</td></tr>
<tr><td>（2）卡控作业流程、表本填写、防护制度是否落实到位</td></tr>
<tr><td>（3）卡控销记制度、出室汇报制度、计表数量是否落实到位</td></tr>
<tr><td rowspan="6">作业结束</td><td rowspan="3">作业内容</td><td>（1）作业人员报告作业完成情况</td></tr>
<tr><td>（2）工班长总结当日作业情况，对未克服的设备缺点制定下一步整治措施</td></tr>
<tr><td>（3）在《设备检修记录表》《值班日志》中逐项进行记录</td></tr>
<tr><td rowspan="3">安全风险卡控</td><td>（1）归途中的车辆、司机的互控措施是否落实到位</td></tr>
<tr><td>（2）若发现问题，卡控问题库管理制度是否落实到位</td></tr>
<tr><td>（3）卡控问题追踪、问题克服是否落实到位</td></tr>
</table>

20.3　维护作业标准

20.3.1　巡检作业

铁塔巡检作业标准如表 20.3 所示。

表 20.3　铁塔巡检作业标准

序号	巡检项目	巡检方法	标准及要求
1	铁塔监测告警、倾斜度及基础沉降情况检查	利用铁塔监测系统进行检查	监测数据合格
2	铁塔外观结构、地锚、螺栓检查	检查巡视，使用望远镜观察	铁塔结构牢固，无锈蚀；地锚无异常；螺栓紧固，无短缺

续表

序号	巡检项目	巡检方法	标准及要求
3	铁塔平台、爬梯、防护网、天线支架等附属构件外观检查	检查巡视，使用望远镜观察	铁塔平台、爬梯、防护网、天线支架等附属构件无异常，符合标准
4	铁塔基础状态及周围环境检查	检查巡视	铁塔基础无下沉，硬化面无破损，周围环境无异常
5	检查地线连接情况	检查巡视	地线连接完好，无锈蚀
6	航空标志灯、安全警示标志牌检查	检查巡视	航空标志灯、安全警示标志牌悬挂无松动，标志醒目，字迹清晰

20.3.2 检修作业

铁塔检修作业标准如表 20.4 所示。

表 20.4 铁塔检修作业标准

周期	检修项目	检修方法	标准及要求
月	铁塔倾斜度、基础沉降告警分析	利用铁塔监测系统检测，发现问题后及时分析处理	符合《铁路通信维护规则》规定标准
	铁塔平台、爬梯、防护网、天线支架等附属构件外观检查	检查铁塔构件牢固程度、附属构件有无缺损	符合《铁路通信维护规则》规定标准
	铁塔基础状态及周围环境检查	塔基混凝土强度、碳化深度检测	当基础或周围发生开裂、下沉、塌陷、突起时，应对基础进行加固整修，恢复原有水平
	地线连接情况检查	（1）检查、整理地线连接线，紧固地线连接端螺丝、螺母	地线整齐合理、连接牢固，无脱焊、松动、锈蚀及损伤
		（2）测量接地阻值	接地阻值符合标准
	航空标志灯、安全警示标志牌检查	（1）检查设备是否完好，有无缺损	符合《铁路通信维护规则》规定标准
		（2）查看标志牌有无破损，字迹是否模糊	

续表

周期	检修项目	检修方法	标准及要求
半年	铁塔外观结构强度及裂纹检查，各构件、部件固定螺栓检查，全塔螺栓紧固	铁塔外观结构检查，紧固螺栓，发现问题及时处理	① 铁塔构件牢固，无缺损、扭曲、弯折、裂缝、塑性变形； ② 焊缝无开裂、无严重锈蚀； ③ 各部位螺栓、螺母齐全，无松动
	铁塔平台、爬梯、防护网、天线支架等附属构件安装牢固度检查，螺栓紧固度检查	登塔检查，紧固螺栓，发现问题及时处理	① 铁塔平台、爬梯、防护网、天线支架等附属构件安装牢固，无缺损、扭曲、弯折； ② 焊缝无开裂、无严重锈蚀； ③ 各部位螺栓、螺母齐全，无松动
年	塔体垂直度检测	（1）检查铁塔拉线及部件	铁塔拉线及部件无锈蚀、松弛、断股、抽筋
		（2）检测拉线及地锚受力情况	拉线及地锚受力均衡，地锚无松动
		（3）查看铁塔爬梯、工作台	铁塔爬梯、工作台牢固可靠，无松动，无结构损伤
	铁塔主要构件的焊缝检查、处理	对一、二级焊缝进行超声波探伤检测，发现焊缝有开裂情况应对开裂位置做好记录并及时处理	连接牢固，无脱焊、松动、锈蚀及损伤
	地线测试、整修，避雷针及雷电引下线检查、整修	发现连接不良情况应重新焊接，发现缺失情况及时补齐	① 线缆、连接件连接良好； ② 标识准确无误，无脱落、缺失
	检查塔体构件、焊缝、锚栓、螺栓、螺母等防腐涂层及锈蚀情况	发现镀锌层有局部破损情况应将破损部位清理干净，涂防锈底漆两遍、面漆两遍	符合《铁路通信维护规则》规定标准
	铁塔基础及周围地质结构检查、处理	发现基础或周围发生开裂、下沉、塌陷、突起时，应对基础进行加固整修，使之恢复原有水平	符合《铁路通信维护规则》规定标准

21　通信基本安全制度和作业纪律

21.1　基本安全制度

21.1.1　三不动

① 未登记联系好不动。
② 对设备性能、状态不清楚不动。
③ 正在使用中的设备不动。

21.1.2　三不离

① 工作结束后，不彻底试验良好不离。
② 影响正常使用的设备缺点未修好前不离。
③ 发现设备有异状时，未查清原因不离。

21.1.3　四不放过

① 事故原因分析不清不放过。
② 没有防范措施不放过。
③ 事故责任者和职工没有受到教育不放过。
④ 事故责任者未处理不放过。

21.1.4　通信电路纪律“十不准”

① 不准任意中断电路或业务。

② 不准任意加、甩、倒换设备。

③ 不准任意变更电路。

④ 不准任意配置、修改数据。

⑤ 不准任意切断告警。

⑥ 不准借故推迟故障处理时间和隐瞒谎报故障。

⑦ 不准泄露用户信息。

⑧ 不准泄露系统口令。

⑨ 不准在系统上进行与维护无关的操作。

⑩ 不准关闭业务联络电话。

21.2 故障处理应做到“五清”“三及时”

1. 五清

处理故障要做到“五清”，即时间清、地点清、原因清、影响范围清、处理过程清。

2. 三及时

处理故障要做到“三及时”，即：

① 接到故障通知及时赶赴现场；

② 对设备故障及时组织处理；

③ 当不能及时修复或原因不清时，应及时登记停用设备，保证行车安全。

21.3 联系要点和登销记规定

① 上道作业和影响行车设备（行车通信业务）正常使用的作业，必须在车站（调度所）《行车设备检查登记簿》或《行车设备施工登记簿》内登记，经车站值班员（调度所调度员）同意，方可开始作业。必须按规定设置驻站联络员、现场防护员，驻站联络员与现场防护员联系中断时必须停止作业，立即下道避车。

② 影响行车设备（业务）正常使用的通信设备故障处理完毕后，应进行检查试验，试验结果应记入《行车设备检查登记簿》，履行销记手续；施工、检修作业完毕，应进行检查试验，其结果应记入《行车设备施工登记簿》，履行销记手续。

③ 联系应使用普通话用语，语意应简明、确切，做到相互复诵。

22 通信设备维护作业和故障（障碍）处理流程图

22.1 通信设备维护作业流程图

通信设备维护作业流程图如图 22.1 所示。

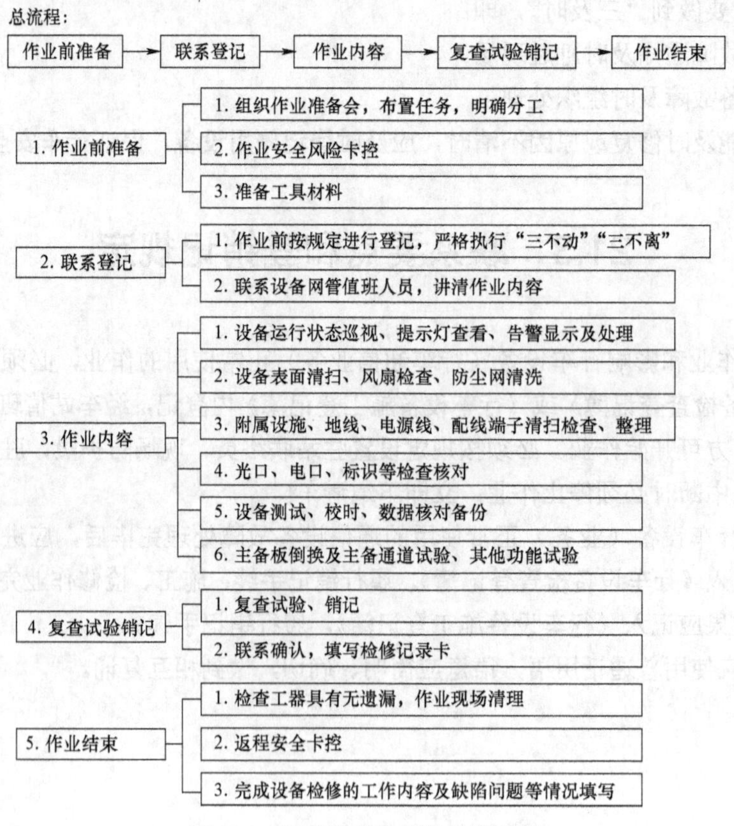

图 22.1 通信设备维护作业流程图

22.2　通信设备故障（障碍）处理流程图

通信设备故障（障碍）处理应先树立抢通意识，努力压缩设备故障（障碍）延时，严格遵循“先抢通，后修复”的原则，先抢通列车调度、后抢通其他；切实做到“五清”“三及时”“四不放过”等要求。

通信设备故障（障碍）处理流程图如图 22.2 所示。

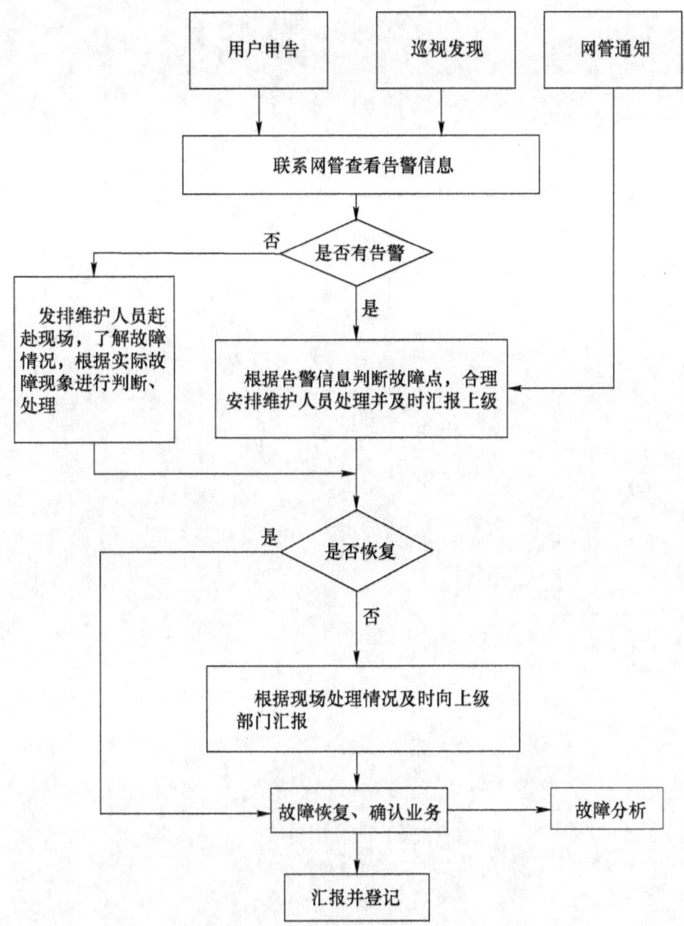

图 22.2　通信设备故障（障碍）处理流程图